碳中和背景下山西亚高山草地植被生态效应研究

———— 徐满厚 著 ————

海洋出版社

2023年·北京

图书在版编目（CIP）数据

碳中和背景下山西亚高山草地植被生态效应研究 /
徐满厚著. — 北京：海洋出版社，2023.7

ISBN 978-7-5210-1141-8

Ⅰ.①碳… Ⅱ.①徐… Ⅲ.①草地–植被–生态效应–
研究–山西 Ⅳ.①S283

中国国家版本馆CIP数据核字（2023）第134433号

责任编辑：高朝君

责任印制：安　淼

海洋出版社　　出版发行

http://www.oceanpress.com.cn

北京市海淀区大慧寺路8号　邮编：100081

侨友印刷（河北）有限公司　新华书店经销

2023年7月第1版　2023年7月北京第1次印刷

开本：710mm×1000mm　1/16　印张：10.5

字数：170千字　定价：88.00元

发行部：010–62100090　总编室：010–62100034

海洋版图书印、装错误可随时退换

前　言

　　全球变暖越来越被国际社会所接受。2021 年诺贝尔物理学奖授予了真锅淑郎（Syukuro Manabe）和克劳斯·哈塞尔曼（Klaus Hasselmann），以表彰他们为地球气候建立了物理模型，证明了人类排放二氧化碳（CO_2）导致全球变暖。一项对近年来国际科学界关于"全球变暖停滞"是否存在的研究有了新见解：全球气候仍在继续变暖，并未出现停滞现象。如果继续排放温室气体，至 2035 年全球平均地表温度将升高 $0.3 \sim 0.7℃$。然而，温度升高存在很大的区域性差异，在高纬度和高海拔地区升幅更为显著。

　　化石燃料使用和土地利用变化是影响全球变暖的主要原因，自工业革命以来的累计碳排放使全球平均气温上升 2℃，气候变化将会导致全球生态安全迅速变化，严重威胁人类的可持续发展。当前 CO_2 排放导致的气候变暖已成为人类面临的巨大挑战之一，全球许多国家都在制订缓解和适应气候变化的计划与政策。同时，矿产资源开发在带动矿区经济发展和满足能源需求的同时，产生了大量极度退化的损毁土地，使区域碳平衡遭到严重破坏，导致矿区碳固存能力下降甚至丧失。在碳达峰碳中和背景下，矿产资源开发产生的温室气体排放必然会引起国内外学者的关注和重视。而我国力争 2030 年前实现碳达峰、努力争取 2060 年前实现碳中和的目标，使得节能减排工作面临前所未有的重大挑战。

　　山西作为我国的煤炭大省，长期以来形成了以煤炭、焦炭、冶金、电力等高耗能产业为支柱的经济结构，这种不平衡的经济和能源消费结构决定了山西在"双碳"目标下面临着更大的压力和挑战。作为能源大省，山西当前煤炭消耗量占全省能源消耗总量的 80% 以上，碳排放总量仍居全国前列，到 2030 年完成碳达峰任务艰巨。同时，山西省经济发展不协调问题较为突出，面临着发展经济、改善民生等一系列艰巨任务，经济增长处于高速度高质量发展期，能源需求不断增加，碳排放量仍处于上升阶段。在全国一盘棋推进碳达峰碳中和进程中，山西要切实担负起历史使命和政治

1

责任，全方位推进高质量发展。

在应对全球变暖，力图实现2℃甚至1.5℃增温控制目标的大背景下，碳中和成为各国政府、企业等减缓全球变暖的主要措施之一。为减缓由CO_2等温室气体导致的温室效应，新能源及固碳技术的研发是目前较通用的解决办法。其中，固碳方法主要分为人工及自然两大类，相比于对生态系统平衡存在影响的人工固碳法，自然固碳法更为安全有效。自然固碳法包括森林、草地、耕地生态系统固碳。各生态系统固碳又可分为植被与土壤固碳。通过植物光合作用，空气中的CO_2被固定于植被中，当动植物凋落、腐败后其自身的存储碳进入土壤。因此，植物固碳在中国的固碳减排中潜力巨大。

一般来说，植物利用太阳能的百分率是1%～3%，在同样的气候条件下，不同的植物有不同的生产力和固碳潜力。通过选种育种和种植技术，可以提高植物的生产力，提升固碳效率。多年生草本植物中，C_4植物的固碳速率比一般的C_3植物要高，C_4植物和豆科植物的功能群组可以提高生态系统5～6倍的固碳效率。种植高固碳效率的人工草地，其生产力可达到天然草地的10～20倍。在筛选培育高固碳速率的物种/品种的同时，针对自然生态系统的关键种或功能群也正在进行固碳过程和碳分配机理的研究，这是选育高固碳能力植物物种/品种的基础，也是通过管理措施提高自然生态系统固碳能力的前提。

陆地生态系统碳储量是生态系统长期碳蓄积的结果，是生态系统现存的植被生物量有机碳、凋落物有机碳和土壤有机碳储量的总和。草地是陆地生态系统的重要组成部分，是世界上分布最广的植被类型之一，具有调节气候、增加土壤肥力、保护生物多样性、提高生产力等生态服务功能。草地植物碳大多储存在根、茎、叶等部分，通常被称为生物量。草地植被的净初级生产力约占全球陆地植被净初级生产力的1/3，活生物量的碳储量占全球陆地植被碳储量的1/6以上，土壤有机碳储量占全球陆地土壤碳储量的1/4以上。我国天然草地面积约$4×10^8$ hm^2，年总固碳量约为$6×10^8$ t，约占全国年碳排量的1/2。因此，草地植被成为全球陆地植物固碳的重要途径之一。

2021年是中国开启"碳中和"征程的元年。2021年10月23—24日，太原师范学院举办了碳中和研究院成立大会暨首届碳中和高端论坛,这是山西省高校系统也是太原市首家关于碳中和研究的科研机构。太原师范学院碳中和研究院聚焦气候变化、地质空间与陆地生态系统增汇减排,绿色低碳城镇化模式、技术与政策,节能减碳与绿色能源创新技术,资源型经济低碳转型与家庭排放,以及碳达峰碳中和政策与法律五个研究方向,努力为山西能源革命全面转型升级,为实现国家"双碳"目标提供新思路、制订新方案、展现新作为、做出新贡献。作者依托太原师范学院碳中和研究院,开展碳中和背景下山西亚高山草地植被生态效应研究,既是国家实现"双碳"目标,建设生态文明、实现绿色高质量发展的内在需求,也是山西实现绿色低碳转型和黄河流域高质量发展的必然要求。

为此,作者基于格局、响应、关系三个层面,在区域上选择位于山西的亚高山草甸非干扰区作为试验样地,划分不同经度、纬度、海拔地理梯度带,并在局地上选择山西的吕梁山林下草地进行长期模拟增温试验,从群落水平上探究山西亚高山草地物种多样性与生物量的多尺度空间格局及对气候变暖的响应,从而获得碳中和背景下山西亚高山草地的植被生态效应。研究成果以期为黄河流域草地植被的保护和利用提供数据支持,助力流域生态脆弱区经济可持续发展,实现流域高海拔地区人与自然和谐共生;同时,本研究紧跟国际研究方向,将生态学的原理和方法应用到地理学,拓展地理学研究领域,符合地理学发展趋势,为地理学的快速发展注入新的生机与活力。作者对山西分布的两种典型亚高山草地(亚高山草甸和林下草地)进行研究,聚焦山地草地的地理梯度格局及其对模拟增温的响应,主要获得了四个方面的试验结果。

(1)以山西亚高山草甸为研究对象,从北向南依次选取隶属六棱山系、五台山系、吕梁山系和中条山系的9个山地,划分5个经纬度梯度带和6个海拔梯度带,探讨草甸不同尺度物种多样性(α、β、γ)和生物量的空间分布及其相互关系。①α多样性在不同山地呈波形曲线变动,中部山地波动较大,越趋向南部变化越不明显;在数量上具有明显的区域性,呈"中间低两头高"的空间变化格局;在水平空间表现为高纬度、低经度的单峰变化格局,且在纬向上更为明显;但在垂直空间表现为受海拔影响不敏感,随海拔升高趋于减小。从南向北、从西向东、从低海拔向高海拔,物种替代速率减小，群落组成相似性增大，β 多样性减小，且纬向上的变化幅度最高、垂向上次之、经向上最低。总物种丰富度（γ 多样性）随经度（R^2=0.784，$P < 0.01$）、海拔（R^2=0.598，$P < 0.05$），以及在 37.5°—40° N 纬度带（R^2=0.885，$P < 0.01$）均呈先增大后减小的二次函数式变化。②北部山地具有较高的地下生物量和根冠比，南部山地具有较高的地上生物量和总生物量，中部山地具有较低的地下生物量和总生物量，但中部的荷叶坪具有较大生物量；北部山地生物量分配趋于地下部分，但从北部山地到南部山地，其生物量更多分配到地上部分，造成地上生物量较地下生物量波动大，总生物量略有增加；地上生物量在纬向上变化更为明显，而地下生物量在经纬向上变化差异较小，往北往东发展，生物量分配趋于地下部分，且纬向上的生物量分配比经向上更为明显；从低海拔到高海拔，生物量分配也趋于地下部分，且地上生物量减小显著。③物种多样性对地上生物量影响较大，随着物种多样性的增加，地上生物量增大，生物量分配趋于地上部分；Patrick 指数和 Shannon 指数与地上生物量、根冠比均呈幂指数函数关系（$P<0.05$），符合异速生长模型。

（2）以山西吕梁山林下草地为研究对象，设置不同海拔和纬度梯度的草本群落样地，调查草本植物的物种组成、生长特征、地上生物量以及环境因子，探究吕梁山林下草地植物群落物种多样性与地上生物量的空间格局，并探讨其与环境因子的关系。①物种多样性在空间上均呈中间高、两头低的单峰格局。α 多样性中 Simpson 指数（$P < 0.01$）、Shannon 指数（$P < 0.01$）和 Pielou 指数（$P > 0.05$）在垂直与水平空间上随海拔、纬度均呈现先增后减单峰格局；β 多样性中 Cody 指数与 Bray-Curtis 指数在 1 900 ~ 2 000 m 海拔带上均出现剧烈变化，在 2 000 ~ 2 300 m 海拔带上变化平稳，从低海拔到高海拔的物种更新速率加快，中海拔的物种变化较小；γ 多样性随纬度、海拔（R^2=0.49，$P < 0.05$）呈先增后减的单峰格局。②地上生物量变化范围为 24.52 ~ 75.79 g/m²，在垂直与水平空间上随着海拔、纬度的升高均呈先升后降的单峰格局，整体上呈现中海拔、中纬度地区地上生物量较高的空间格局。③在水热因子变化中，空气-土壤温度表现为先升后降的变化趋势，且土壤温度的变化具有滞后性，而空气-土壤湿度受降雨的影响变化不明显；海拔对水热因子影响极显著，即随着

海拔升高温度显著下降（$P < 0.01$），湿度显著上升（$P < 0.01$）。④α多样性指数与温度呈负相关关系，与湿度呈正相关关系，且空气温、湿度对α多样性指数具有极显著影响（$P < 0.01$），土壤温、湿度对Simpson指数、Shannon指数影响显著（$P < 0.05$）；地上生物量与温度呈负相关，与湿度呈正相关，且温度与湿度的共同作用对地上生物量的变化产生显著影响（$P < 0.05$）；物种多样性对地上生物量有显著影响（$P < 0.05$），且随着α多样性指数的升高，地上生物量增加。

（3）以山西亚高山草甸为研究对象，在亚高山草甸带设置不同幅度的模拟增温试验样地，探究亚高山草甸对模拟增温的响应。①在低度增温和高度增温处理下，草甸空气呈现暖干化，其中空气温度分别增加3.57℃和5.04℃，空气湿度分别减小7.36%和5.23%；土壤趋向暖湿化，其中土壤温度分别减小0.05℃和增加0.26℃，土壤水分分别减小0.2%和增加0.62%。②增温对草甸物种多样性产生一定负面影响，但Richness指数、Simpson指数、Shannon指数在不同处理间的差异均不显著，表明物种多样性对增温响应不敏感；增温促进草甸群落中禾草类植物生长，抑制杂草类植物生长，且随增温幅度变大，群落中不同植物功能型由杂草类向禾草类转化。空气、浅层土壤温度促进禾草生长，抑制杂草生长；深层土壤温度抑制莎草生长；浅层土壤水分促进禾草生长。因此，增温改变了亚高山草地的水热因子状况，导致草地群落结构发生改变，使之向禾草类植物演替。③亚高山草甸群落地上生物量对增温的响应比较敏感，出现显著增加，在高度增温下增加幅度更加明显；地下生物量在不同试验处理下无显著性差异，随增温幅度的增大逐渐增加，但对增温响应不明显。增温具有增加地下生物量的趋势，对土壤浅层（0～30cm土层）地下生物量的影响逐渐加强，而对土壤深层（30～50cm土层）地下生物量的影响逐渐减弱，增温可改变地下生物量在不同土层中的分配比例。④空气温度升高会对群落内物种组成的空间分布均匀度有所影响，对地上生物量和总生物量影响较大；土壤环境因子对地下生物量影响显著，随着土壤湿度和温度的增加，地下生物量显著增加。

（4）以山西吕梁山林下草地为研究对象，在不同海拔梯度处设置不同幅度的模拟增温试验样地，探究林下草本植物群落在不同纬度和海拔梯度处响应模拟增温的空间变化格局。①在低度、高度增温处理下，空气温度分别最大增加 0.86℃和 2.83℃；空气温度对增温的响应受海拔影响显著，但空气湿度对增温响应不敏感。当有降雨发生时，增温导致土壤温度在低度和高度增温处理下分别减小 0.56℃和 0.61℃；土壤温度对增温的响应受纬度影响明显，而土壤水分对增温响应不敏感。因此，空气–土壤温度的响应程度分别依赖于海拔和纬度，由降雨导致的土壤水分突然增加影响了增温对土壤温度的效应。②增温增加了植物高度和盖度，但植物密度和频度对增温响应不敏感，因此导致禾草、莎草、杂草的重要值产生不显著的变化。另外，植物丰富度指数和 Simpson 指数在低度增温处理下增加，在高度增温处理下减小，而 Pielou 指数对增温响应不敏感。这些植物群落特征指标对增温的响应随着纬度增加而减小，随着海拔升高而增大。③增温处理下植被与温度、水分的关系增强，而且植被与水分的关系增加更为快速。在增温处理下，随着土壤水分增加，植物高度减小，物种多样性增大，这表明降雨引起的水分增加影响了增温对植被的效应。在诸如黄土高原这些水分缺乏的地区，增温增强了植被与水分的关系，因而促进了植被对水分的依赖性。但增温需要控制在一定幅度内才能对植被产生正效应，进而促进植物群落发育。在水分作为限制因子的地区，增温效应受降雨影响大，由降雨引起的水分增加减弱了增温对土壤及其与植被关系的效应。

本书共分为 17 章：第 1 章为山西亚高山草地研究概述；第 2 章为山西亚高山草地研究方案；第 3 章为山西亚高山草甸物种多样性的空间分布特征；第 4 章为山西亚高山草甸生物量的空间分布特征；第 5 章为山西吕梁山林下草地植物区系分析；第 6 章为山西吕梁山林下草地环境因子变化；第 7 章为山西吕梁山林下草地物种多样性的空间格局；第 8 章为山西吕梁山林下草地生物量的空间格局；第 9 章为山西吕梁山林下草地物种多样性、地上生物量与环境因子的关系；第 10 章为山西吕梁山林下草地水热因子对模拟增温的响应；第 11 章为山西吕梁山林下草地植被生长特征对模拟增温的响应；第 12 章为山西吕梁山林下草地植被生长特征与水热因子关系对模拟增温的响应；第 13 章为山西亚高山草甸水热因子对模拟增温的响应；第 14 章为山西亚高山草甸植物群落结构对模拟增温的响应；第 15 章为山西亚高山草甸植物群落生物量对模拟增温的响应；第 16 章为讨论；第 17 章为结论。

本书得到国家自然科学基金委员会、山西省科学技术厅、山西省教育厅和太原师范学院的大力支持，由国家自然科学基金青年科学基金项目（41501219、42001102）、山西省基础研究计划（自由探索类）项目（202103021224301）、山西省高等教育"1331工程"提质增效建设计划城乡统筹协同创新中心项目（晋教科函〔2021〕3号）、山西省高等学校科技创新项目（2021L431、2020L0530）、山西省"三晋英才"支持计划（晋组通字〔2019〕3号）、山西省高等学校哲学社会科学研究项目（2019W135）、太原师范学院青年学术带头人支持计划（院科字〔2021〕号）共同资助。本书可用作高等院校生态学、地理学、环境科学、农林科学等专业本科生学习参考书，也可供上述专业及相关领域的管理人员参考使用，尤其适合从事植物地理学、生态地理学、环境生态学等交叉学科研究的研究生和科研人员使用。

作者

2023年5月

目 录

第1章　山西亚高山草地研究概述

1.1　草地群落研究意义

草地是陆地生态系统的重要组成部分，具有调节气候、增加土壤肥力、保护生态多样性、提高生产力等生态服务功能。按照草地的分布位置和周围是否有乔木混生，可以将草地分为有乔木林的草地（林下草地）和无乔木林的草地（高山／亚高山草甸）。作为草地植被的两大基本特征，生物多样性和生物量沿地理梯度的空间分布及其关系是生态学和地理学研究的热点问题和重要内容。

生物多样性对于维持全球生态平衡、促进人类可持续发展具有重要意义，作为群落的可测性指标反映生态系统基本特征，表征生态系统变化，维持生态系统生产力，是群落各物种通过竞争或协调资源共存的结果，为生态系统功能的运行和周转提供了种源基础和支撑条件。物种多样性是生物多样性在物种水平上的表现，是量化表征群落结构与组成的重要指标，反映了群落组织化水平，可使生物群体的功能特征发生变化，甚至改变群落关键种的缺失及物种对环境资源的利用方式，从而导致生态系统结构和功能的改变。物种多样性变化反映了群落或生境中物种丰富度、均匀度的变化，以及不同自然地理条件与群落的相互关系，因此物种多样性测度及其沿地理梯度的变化规律成为碳中和背景下生物多样性研究的重要议题。

物种多样性测度主要从三个空间尺度着手：①生境内多样性——α 多样性，主要关注局域均质生境下的物种数目。在这一尺度下，维持多样性的主要因素是生态位多样性及物种间的相互作用，因此，α 多样性与环境能量密切相关。②生境间多样性——β 多样性，指沿环境梯度不同生境群落之间物种组成的相异性或物种沿环境梯度的更替速率。控制 β 多样性的主要生态因子有土壤、地貌、干扰等。③区域多样性——γ 多样性，描述区域或大陆尺度的物种数量。控制 γ 多样性的生态过程主要为水热动态、气

1

候和物种形成及演化的历史。其中，α 多样性与 β 多样性共同构成了群落或生态系统总体多样性或一定地段的生境异质性。

与生物多样性类似，生物量也是生态系统的基本数量特征，用于反映植被生产力，是研究生态系统功能的基础。生物量在各器官间的分配反映了植物适应环境的生长策略，对个体生长、物种共存、植被恢复具有重要作用。生物量在叶、茎、根中的分配策略以及器官间的异速生长关系，是生态系统物种进化、多样性维持和碳循环的基础，也是理解生态系统碳分配和碳汇功能的关键。因此，生物量分配，特别是其在不同地理梯度影响下的分配模式，成为碳中和背景下生物量研究的热点内容。

现今，碳中和背景下草地植物群落物种多样性和生物量的研究，越来越集中到流域尺度，围绕流域高海拔地区草地植被的生态修复和治理开展了大量研究。黄河是中华民族的母亲河。2019 年 9 月，习近平总书记主持召开的黄河流域生态保护和高质量发展座谈会上强调，保护黄河是事关中华民族伟大复兴的千秋大计。2021 年 10 月，中共中央、国务院印发的《黄河流域生态保护和高质量发展规划纲要》强调，将黄河流域生态保护和高质量发展作为事关中华民族伟大复兴的千秋大计。

位于黄河中游的黄土高原是我国水土流失最严重、生态环境最脆弱的地区，其植被具有典型的地理梯度分布特征。山地是黄土高原的典型地形，由于海拔高而发育着许多亚高山草地，而山体地形决定了水热资源的再分配，并影响亚高山草地物种多样性和生物量。黄土高原高海拔山地的林下草地和亚高山草甸，其物种多样性和生物量受山体地形影响较为显著，经纬度和海拔是其主要的地形因素，直接影响太阳辐射和降水的空间再分配，进而导致土壤水分和温度的差异性分布。黄土高原东部（山西省）分布的亚高山草甸面积大，物种组成丰富，不仅是优良的天然牧场，也是著名的生态旅游景点，如被誉为"高原翡翠"的荷叶坪、"华北九寨沟"的舜王坪、"华北屋脊"的五台山等。近年来，随着旅游业和放牧业的高速发展，山西六棱山、五台山、吕梁山、中条山等山系分布的亚高山草甸受人类影响逐渐增强，生态环境敏感脆弱，草甸退化日益严重，生物多样性受到严重威胁。因此，在碳中和背景下对山西亚高山草地物种多样性和生物量的空间变化格局、响应温度升高及相互关系进行深入且全面的研究已迫在眉睫。

1.2　草地群落研究进展

1.2.1　草地植物区系研究

对某一个区域的植物区系的研究大致可分为植物分类学特征和植物地理学特征两部分，前者有区系相似度、区系丰富性、区系亲缘比较等内容，后者有植物区系的区划分析、成分复杂性、区系特有型等方面内容。对某地区的野生植物区系进行研究，能够更真实、科学地反映当地植物区系的地理成分和性质。研究植物区系主要是对物种的科、属、种进行统计，确定各地特有成分，并考虑地质气候、物种起源等，主要根据李锡文（1996）和吴征镒（1980）对中国种子植物分布区类型的研究成果进行研究。近年来，随着中国各地植物志编撰工作的开展和对植物地理学的系统研究，已取得了许多科属和区域性植物区系的研究成果，包括对不同地区如华北地区、东南地区不同植被类型的区系组成和地理成分、演化历史和分区等内容的研究。

山西学者从初步分析植物区系到与植物分类的研究逐步完善了山西植物区系研究内容。山西省内植被区系的整体性研究，如滕崇德（1985）和张金屯（2005）对山西植物地理、植物区系进行了初步研究分析，包括对山西植物区系成分、分布区类型、区系特点、区系起源及与我国其他区系关系等方面的初步研究；李跃霞等（2007）对山西省的种子植物与湿地维管植物进行了全面细致的研究。在此基础上，相关学者对山西省内不同区域内的植物区系研究也较为广泛，如对山西晋东南地区、五台山的种子植物区系的研究分析。张沛沛等（2007）对中条山森林植物区系和植被资源等方面进行了研究，对植物区系的特点、成分进行分析。

从 20 世纪末期，山西众多学者对吕梁山地区植物区系特征进行了详细研究，如邱丽氛等（1996）对吕梁山北部的管涔山地区苔藓植物的区系的亲缘关系研究认为，管涔山苔藓植物与北方地区亲缘关系较近；张峰等（1998）、高润梅等（2006）对吕梁山中部的关帝山、庞泉沟等山地的种子植物区系进行了研究；孟龙飞等（2012）对吕梁山南部的五鹿山的种子植物区系进行了研究。对某一地区植物区系和类型的研究分析，有利于探究该地区植物区系的组成特点与性质。对山西亚高山草地进行植物区系特征分析，有助于进一步了解山西的自然地理环境变化、草本植物的区系特征及其来源，为山西亚高山草地的保护和开发提供科学依据。

1.2.2　草地物种多样性的地理梯度格局研究

物种多样性作为植物群落的重要数量特征之一，是理解生态系统变化，维持生态系统生产力，反映植被生境中的植被生长与环境要素关系的重要方面。探究植物群落物种多样性的空间格局是生态学和地理学的核心研究内容，是理解并阐释群落构建机制的关键所在。

1.2.2.1　物种多样性的垂直梯度变化

植物物种多样性的海拔梯度格局主要受到气温、降水等环境因子及物种进化等因素影响，能够反映出植物对生态环境的适应能力，成为研究物种多样性空间分布格局的重要方面。物种多样性的垂直格局因影响因素的差异性而具有不同的分布格局。国内外众多研究者以不同区域的山地生态系统为对象进行了大量研究。贺金生等（1997）将陆地植物多样性的垂直格局划分为五类：中间高度膨胀、中海拔较低、正相关、负相关和无关，较为普遍的研究结论是中间高度膨胀和负相关关系。刘洋等（2009）对国内外山地植被多样性的研究发现，约有75%的研究结果表明物种多样性随海拔升高呈单峰或偏峰变化格局且在中海拔区域为高值，有15%的研究结果表明随海拔升高物种多样性呈下降趋势，也有部分研究结果表明随海拔升高多样性呈上升趋势或者呈特殊分布。不同地区和不同植被类型的物种多样性的海拔梯度格局存在差别，这应与山地植被所处的生态环境、相对海拔高度以及地势地貌等多种因素有关。有些研究认为干扰也是一个重要原因，山地低海拔区域存在的人类干扰行为会对植被物种多样性产生一定的负面影响。

不同类型植被对温度、水分等环境变化的差异性响应是造成物种多样性海拔梯度规律不同的重要原因。从海拔高度来看，低海拔地区受人类活动的干扰剧烈；高海拔地区的寒冷环境会抑制土壤生成和植被生长，另外太阳辐射强和昼夜温差大等恶劣环境超过了多数植物的生长耐受限度，而中海拔区域作为高、低海拔地区的过渡区，加之人类活动的干扰较少，故物种多样性较高。除了这些自然环境因素之外，也有不少研究者表示海拔梯度和空间尺度的大小对物种多样性垂直梯度上的不同格局产生重要影响。

1.2.2.2　物种多样性的水平梯度变化

纬度梯度格局是物种多样性分布的重要方面，对于世界范围、欧亚大陆、南北美洲及中国的不同类型植物的多样性研究均表明，物种多样性具有明显的纬度梯度格局，整体上都符合"随着纬度的降低，植被物种多样性呈递增"的变化规律，但是不同地区会有所差别，如有峰值出现在中纬度，甚至无明显梯度变化的现象。

许多学者对不同地区、不同植被的物种多样性的纬度梯度格局进行大量的研究，对于不同变化格局提出了许多不同的设想或假说。对东北大兴安岭的植物研究表明，随着纬度降低物种多样性呈升高趋势。在对山西吕梁山植被多样性的研究中发现，吕梁山灌丛的物种多样性随纬度降低呈增加趋势，而林下草地的物种多样性随纬度降低表现为先增后减的单峰曲线格局，吕梁山亚高山草甸的物种多样性随纬度降低逐渐升高。对云南山区热带种子植物物种多样性的研究发现，属的多样性与纬度变化呈负相关关系；对青藏高寒地区的研究发现，沿青藏铁路物种丰富度呈南多北少的趋势。

物种多样性的空间格局受到不同生态过程变化的综合影响，而这些生态过程又受到物种进化灭亡、地域差异及环境因子（温度、水分、土壤性质等）影响，不同尺度上的影响因素也存在很大的差异性，因而受这些因素影响的植物物种多样性的空间格局也呈现较大差异。因此，在物种多样性的空间格局的研究过程中，既要充分考虑尺度要素，包括环境梯度尺度和分类层次尺度，也应充分考虑其所造成的地理环境因子的差异性。

1.2.3　草地生物量的地理梯度格局研究

生物量是植物生态系统中基本的数量表征，是植被生产力水平的集中体现，可以反映出植被在群落中的资源占有与生长活性，更能够表达出植物群落的生长状况与生产能力，也能够从群落层面体现出植被的能量变化、物质循环等综合特征。生物量作为草地生态系统中的基础生产指标，是植被进行能量转换、碳储存的物质载体，它能直接表明草地植被物质累积情况及生长环境的状况。对生物量变化和空间格局的研究，有利于认识植物群落生产力水平状况和群落变化特征，更进一步解释草地的群落结构与功能组成的变化。

20 世纪以来，山地生物量的研究日益增多，其中高山草甸生物量分配随环境梯度变化的研究也越来越集中到黄土高原、青藏高原等高海拔地区。对某一区域植被的生物量的空间格局的探究将有助于解释和理解不同地区、不同类型的植物群落的生态功能系统的运行和演变过程。目前，多数对植被生物量的研究集中在植被地上－地下生物量之比、根冠比、生物量估测等方面，缺少对植被生物量空间格局的研究。生物量的空间变化可分为水平空间上的经纬度变化和垂直空间上的海拔梯度变化。但是由于选取的研究对象和研究区域的不同，生物量的空间格局研究结果差异很大。

在区域尺度上的生物量分布研究主要集中在草原植被上，如马文红等（2008）研究发现内蒙古草原地上生物量呈"从西南向东北增加"的规律；Yang 等（2009b）研究发现青藏高原高寒草地的地上生物量呈"从西北向东南增加"的趋势。对生物量垂直格局的研究发现，随海拔的升高生物量分布多表现为单峰曲线格局。对念青唐古拉山植被的研究发现，地上生物量随海拔升高呈单峰变化的空间格局。罗天祥等（2002）对自然生境下的亚高山研究发现，地上生物量随海拔升高先表现出增加的趋势，在某一海拔高度上达到最大生物量后迅速下降。柳妍妍等（2013）对天山南坡高寒草地的研究表明，地上生物量沿海拔梯度呈单峰变化格局。对灌丛植被生物量的研究也发现其随海拔的升高呈增加趋势。

但有研究发现，长白山冻原植被生物量随海拔升高整体上呈逐渐减小的变化趋势。马维玲等（2010）对高山草甸的研究表明，随着海拔升高，植物会将更多的生物量分配到地下部分，从亚高山带到亚冰雪带，植株个体越发矮小，植物地上／地下生物量和地上／总生物量比值均降低。这表明，高山草甸植物随海拔升高有性繁殖重要性减小，无性繁殖重要性增加，即植物通过降低地上茎叶和增加根系的资源投入来提高根冠比，使其地下部分获得足够的养分和温度，以此适应高山地区风大、低温、土壤贫瘠等极端环境。因此，寒冷生境会促使高寒植物在生长发育的资源投资权衡中向其地下器官（特别是地下根系）分配更多同化物，以利于萌发再生和抵御高寒环境胁迫，从而使植物个体具有更大的根冠比。

对黄土高原草地的研究同样表明，亚高山草甸生物量沿环境梯度呈不同分布格局，地上生物量在纬向上变化更为明显，而地下生物量在水平方向上变化较小；随着纬度和经度的增加，生物量分配趋于地下部分，且纬向上的生物量分配比经向上的更明显；从低海拔到高海拔，生物量分配也趋于地下部分。Zhang 等（2015）、Chen 等（2016）研究表明，山地植物生物量从西向东、从北向南均呈递增的水平变化格局，但其垂直空间格局较为复杂，随海拔变化表现为负相关、单峰格局或非线性响应关系。造成生物量沿环境梯度和时间尺度出现不同变化格局的原因尚不确定，多数研究认为，水热配比条件是导致生物量差异性分布的主要原因，但其机理仍不明确。由于不同区域内不同功能群物种对环境因子变化具有差异性响应，其生物多样性和生物量随时间呈不同变化格局，从而对群落稳定性产生影响。因此，在特定区域，从功能群层面分析时间尺度对生物多样性和生物量的影响是探究环境因子对群落稳定性影响的重要方法。

1.2.4　草地物种多样性与环境因子的关系研究

不同尺度下的物种多样性的变化与其所处的水热环境、地质地貌等因素有关：α 多样性为生境内多样性，表征局部均质生境下的物种数量，与环境能量密切相关；β 多样性为生境间多样性，表示不同生境间植被物种组成的相异性或物种沿环境梯度的更替速率，主要受土壤、地貌、干扰等影响；γ 多样性表示区域或更大空间下的物种丰富数量，与气候变化、物种演化等有关。

冯建孟等（2019）将年均温、冬季均温、潜在蒸散量等指标作为热量因子组的研究发现，温带植物多样性与热量因子之间存在负相关关系。在物种丰富度的研究中发现，实际蒸散量比潜在蒸散量更充分地解释丰富度的海拔格局，表明物种多样性的变化受到热量和水分的综合调控。Brien 等（2000）对物种丰富度空间格局的研究发现，水热因子的变化决定了丰富度的变化格局，其建立的"水分 – 能量动态"模型认为水分和热量的相互关系控制了植被的生理活动，进而影响物种多样性的变化格局。

山地系统独特的地理结构和水热过程，有大量环境因子用于解释物种多样性的分布格局，许多表征热量、水分的气候因子被认为与不同地区、不同尺度的多样性格局密切相关。因此，研究不同山地生态系统物种多样性的空间变化及其环境解释，对于山地生态系统的保护与管理具有重要意义和价值。

1.2.5 草地生物量与环境因子的关系研究

生物量能反映出植被生态系统的生产力水平高低，也体现出植被生长环境的变化情况，对影响植被生物量的环境因子的研究有利于植被的保护和恢复。影响生物量的因素可分为生物因素和非生物因素，生物因素主要包括人类活动，如乱砍滥伐、过度放牧等，也包括动物、微生物间的相互作用等；非生物因素包含气候（水热环境）、土壤（理化性质）、地形（坡度、坡向）等。

相关研究表明，热量和水分是影响草地植被生物量的主要因素。黄玫等（2006）研究发现植被的总生物量及地下、地上生物量在不同水热环境中存在差异性：在温暖湿润的东南和西南地区大，在寒冷干燥的西部地区小；同类植被的生物量在气温高、降水多的地区更大，在低温和干旱地区较小。柳妍妍等（2013）研究发现气温和土壤含水量是影响高寒草甸生物量的主要因素。众多研究表明，不同的降水指标和温度指标对地上生物量的影响也不尽相同，降水的年际波动变化直接影响地上生物量的变化，不少研究发现植被地上生物量变化与年降水量具有良好的线性关系。此外，在干旱半干旱地区的温度变化对植被地上生物量也有一定影响。高添（2013）对荒漠草原生产力的研究发现，地上生物量和温度呈线性负相关关系。因此，水热因子是影响草地植被地上生物量变化的关键因素。

1.2.6 草地生物量与物种多样性的关系研究

作为植物群落初级生产力的可测数量指标之一，植被生物量能够表征植物群落中总体物质能量的产生与损耗之间的平衡。作为植被生态系统结构与功能的两个重要参数，生物量与物种多样性的关系也是生态学领域关注的重要内容。

自然条件下物种多样性和生物量的关系具有复杂性。Waide 等（1999）

对植被多样性与生产力两者关系的分析研究认为，30% 为单峰变化，26%
为正相关关系，12% 为负相关关系，另外有约 32% 的结果显示两者关系不
明显。对青藏高寒草甸的研究发现，物种丰富度与地上生物量呈显著的正
相关关系；赵洁等（2017）对黄土区草地的研究发现，两者呈显著负相关
关系；也有研究发现植被物种多样性和地上生物量之间呈单峰曲线关系。
刘哲等（2015）对青藏高原两条山体样带高寒草甸的研究发现，在单一山
体样带中地上生物量与物种多样性呈负相关关系，但是将两条样带综合研
究后发现两者为正相关关系；其在分析了青藏高原高寒草甸 70 多个样点的
数据后发现，多样性与地上生物量呈"S"形曲线关系，认为研究尺度对物
种多样性与生物量的关系产生一定影响。因此，在研究中要解析出影响物
种多样性和地上生物量关系的关键因素，才能更深入地探究物种多样性与
生产力关系的机制。

1.2.7　草地群落结构对模拟增温的响应研究

1.2.7.1　模拟增温对环境因子的影响

空气–土壤水热因子对增温的响应差异较大。一般情况下，增温对空气
温湿度及土壤温度产生正效应，对土壤湿度产生负效应，少数在内蒙古荒
漠草原的研究表明，增温在一定程度上也可以增加土壤的含水量。一些研
究者在青藏高原北麓河实验站的研究表明，模拟增温对浅层土壤温度和深
层土壤水分影响较大，且由于草地类型、增温装置及增温季节的不同，其
增温响应也不同。

此外，增温能够通过影响土壤理化性质间接对植物的生长发育以及土
壤呼吸等一系列过程产生影响。研究表明，增温可降低土壤 pH，促使土壤
碳和酶活性升高，导致土壤呼吸增加。增温条件下，土壤温度对土壤呼吸
的解释量达 13%，且土壤呼吸对温度的敏感性显著增加，长期增温可使高
寒草甸的土壤速效磷和全磷增加，而全钾降低，但其他元素含量变化不一
致。此外，杨月娟等（2015）研究表明，长期模拟增温条件下，矮嵩草草甸
土壤理化性质对植物化学成分的贡献从大到小依次为：速效氮、有机质、含
水量、速效钾。

1.2.7.2 模拟增温对植物个体特征的影响

温度是植物生长发育的重要条件,大量研究表明,所观测到的植物个体特征方面的变化大多与全球气候变暖有关。植物的生长指标对气候变化较为敏感且易于观测,温度对植物的影响主要通过改变其物候,从而对植物生产力产生影响。

目前,大部分植物所处温度均普遍低于其最适温度,低温和短的生长季是高山地区植物生长的主要限制因子。总体来看,适当升高温度可降低低温对植被的影响,使山地和高寒地区植被接近其最适生长温度且延长生长期,以促进植物的生长发育。对藏北高寒草甸的研究表明,在全球气候变暖背景下,较高海拔(4 500 m 以上)地区植物高度呈增加趋势,而在较低海拔(3 400 m 以下)地区植物高度则趋于矮化。随着全球气候变化对植物物候期产生的显著影响,可以明显反映气候的变化与波动。一些研究表明,增温可显著延长矮嵩草草甸植物的物候期(4.9 d),植物群落的枯黄期也将延迟。此外,加拿大西部山杨较半个世纪前提早了 26 d 发芽。

光合作用是植物生长发育的基础和生产力高低的决定性因素,光合作用过程是一个对外界环境变化非常敏感的生理过程。增温可通过影响酶活性来改变植物的光合与呼吸作用以制造或消耗有机物。温度升高一般可促进植物光合能力与呼吸作用,但不同植物光合作用与呼吸作用因植物种类不同而影响各异。总体而言,植物各生理指标的变化总是朝着其最适温度的方向进行。

1.2.7.3 模拟增温对植物群落特征的影响

增温可促进植物生长和发育,从而对植物群落的组成及演替产生影响。不同物种对增温的响应不同,全球变暖将打破原有种间竞争,并使该群落中优势种产生变化,从而发生演替。

不同的草地类型,由于土壤条件和水热状况等不同,导致物种多样性对增温的响应各异,如在荒漠草原,增温可降低植物物种的多样性;在高寒草甸和矮嵩草草甸,短期增温可提高植被物种多样性;在东北羊草草甸,增温也可提高其多样性指数,且在增温第 4 年,植被物种多样性指数增加了 16.8%。在群落演替方面,短期(1 a 以内)增温并不会改变群落种类组成,但增温效应会增强群落中建群种与主要伴生种的作用,长期过度增温则会使植物物种趋于单一化发展，引起草地生态系统发生退化。

温度升高通常会对植物生物量产生促进作用，但由于生境及物种的不同，生物量对温度升高的响应各异，如在草甸群落中植被生物量与温度呈递减规律，在灌丛群落则相反；在亚高山草甸，增温促进禾草类生物量，而抑制杂草类生物量。此外，生物量的生产及分配主要受温度和水分因素影响。研究表明，温度升高对植物群落内地上、地下生物量均产生显著影响，如增温能显著促进黄土高原植物群落地上部分的生物量，但对于高寒植物，温度升高其生物量更趋于地下部分，且不同土层的生物量分配比例不同。

增温对生物量的影响具有复杂性，增温幅度和增温时间尺度均会对植物生物量生产力产生影响。在增温幅度方面，适度增温可提高高寒草甸和沼泽草甸植被生物量，过度增温则产生抑制作用。造成这种现象的原因可能是在高度增温条件下，植物生长速度加快，生长期缩短。因此，生物量对初期温度升高非常敏感，但随着增温时间延长和增温幅度提高，生物量表现出对温度升高的适应性，增幅出现下降趋势。在增温时间方面，短期内温度升高可提高植物生物量（包括地上生物量和地下生物量），随着增温时间累积，地上生物量降低，地下生物量也呈减小趋势。总体来看，气候变暖对不同草地、不同生长期的植被生物量影响程度不同。

现今对山西亚高山草地的研究，一是多集中于将亚高山草甸作为单一植被类型进行研究；二是大多将山西境内的单一山地（芦芽山、五台山、关帝山等）作为研究区域。该研究内容主要涉及植物区系组成及植被类型分布、群落种间关系及群落谱系、数量分类及排序、生态位及生态梯度格局分析等方面，包括不同梯度格局及与环境因子关系的研究。近年来，随着旅游和放牧等人类活动的加强，对人类干扰下植被物种多样性和生物量的研究也不断增多。但这些研究仍然存在不充分的地方，一是缺乏以自然状态下林下草地和亚高山草甸为研究对象的综合研究；二是缺乏山西亚高山草地物种多样性和生物量响应气候变暖的试验研究。因此，将山地生态系统的林下草地和亚高山草甸作为亚高山草地的两种典型类型，开展自然状态下亚高山草地植被物种多样性和生物量的空间变化格局及其响应气候变暖的研究，将有利于碳中和背景下草地植物资源的科学调控和可持续发展。

1.3 草地群落研究内容、研究目标与拟解决的关键科学问题

1.3.1 研究内容

（1）亚高山草地物种多样性的多尺度空间格局。物种多样性的分布格局与尺度有密切关系，不同环境梯度下物种多样性的测度主要包括 3 个空间尺度：生境内 α 多样性、生境间 β 多样性和区域 γ 多样性。本研究探究亚高山草地不同尺度物种多样性（α、β、γ 多样性）随经度、纬度、海拔的分布格局，以进一步阐释不同空间尺度物种多样性的变化格局及其影响因素，从而验证"中间膨胀效应假说"。

（2）亚高山草地生物量的多尺度空间格局。生物量研究主要包括对地上生物量、地下生物量和根冠比的分析，但生物量沿空间梯度出现不同变化格局的原因尚不确定。本研究以亚高山草地为研究对象，划分不同经度、纬度、海拔梯度带，在进行群落物种多样性分析的基础上，细化草地不同植物功能型（禾草、莎草、杂草），同时结合不同梯度带的水热因子，从不同植物功能型角度探究草地生物量及其分配在水平空间和垂直空间的变化格局，揭示造成生物量沿空间梯度出现不同变化格局的原因。

（3）亚高山草地物种多样性和生物量对温度升高的响应。温度升高对植被生物量和物种多样性产生重要影响，但不同增温模式下影响具有不确定性。在对亚高山草地物种多样性和生物量分析的基础上，选择海拔梯度明显且人为干扰较轻的吕梁山作为长期模拟增温定位观测试验样地，探究不同海拔梯度下草地物种多样性和生物量对温度升高的响应，分析其在不同增温幅度（低度–高度增温）和不同增温时间（短期–长期增温）的动态变化，以进一步检验高山地区气候变暖的海拔依赖性。

（4）亚高山草地物种多样性与生物量的相互关系。物种易受人为干扰等因素影响，导致物种多样性与生物量的关系具有复杂性；而研究尺度、研究对象等不同，也会造成物种多样性与生物量之间关系的研究结果具有很大的差异性。本研究基于物种多样性和生物量对温度升高响应的分析，

探究自然状态下亚高山草地物种多样性与生物量的关系随经度、纬度、海拔的空间变化，以及该关系在不同增温模式下（低度–高度增温、短期–长期增温）的动态变化，进而为"生物地理亲和力假说"提供新的有力佐证。

1.3.2　研究目标

（1）格局与假说。探究亚高山草地不同空间尺度的物种多样性（α、β、γ 多样性）随经度、纬度、海拔的变化格局，验证"中间膨胀效应假说"。

（2）格局与原因。探究亚高山草地不同植物功能型的生物量及其分配在水平空间和垂直空间的变化格局，同时结合不同地理梯度带的水热因子，揭示造成生物量沿空间梯度出现不同变化格局的原因。

（3）响应与效应。探究亚高山草地不同海拔梯度的物种多样性和生物量对温度升高的响应，分析其在不同增温幅度和不同增温时间的动态变化，检验高山地区气候变暖的海拔依赖性。

（4）关系与佐证。探究亚高山草地自然状态下物种多样性与生物量的关系随经度、纬度、海拔的空间变化，以及该关系在低度–高度增温、短期–长期增温模式下的动态变化，为"生物地理亲和力假说"提供新的佐证。

1.3.3　拟解决的关键科学问题

（1）通过探究亚高山草地植物群落 α、β、γ 多样性及不同植物功能型生物量随经度、纬度、海拔的变化格局，可否验证物种多样性的"中间膨胀效应假说"，并揭示造成生物量沿空间梯度出现不同变化格局的原因。

（2）通过探究亚高山草地不同海拔梯度的物种多样性和生物量在低度–高度增温、短期–长期增温下的动态变化，可否检验亚高山地区气候变暖的海拔依赖性，为"生物地理亲和力假说"提供新佐证。

1.4　草地群落研究方法、技术路线与可行性分析

1.4.1　研究方法

（1）文献阅读法。在中国知网、百度文库、万方数据知识服务平台、

维普网、超星数字图书馆等中文资料数据库下载中文文献（包括期刊、学位论文），在新学术 SCI 期刊精选整合平台、汉斯中文开源期刊学术交流平台、施普林格电子期刊数据库、爱思唯尔数据库等外文资料数据库下载外文文献。重点阅读本领域的经典期刊文献，先从综述性论文开始阅读，以掌握本领域研究的前沿进展，再深入阅读研究性论文，以掌握最新的研究思路和研究方法。

（2）野外调查法。对于山西亚高山草地响应地理梯度的研究，采用野外调查法。在甸顶山、五台山北台、五台山东台、马仑草原、荷叶坪、云中山、云顶山、舜王坪、圣王坪共设置 9 个亚高山草甸调查样地，在吕梁山系的管涔山、关帝山、五鹿山不同海拔高度处共设置 9 个林下草地调查样地，选取植被长势良好、分布较为均匀、受人为干扰较轻的地段，作为草地植物群落物种多样性和生物量调查样地。调查的植被指标主要包括物种的高度、盖度、密度、频度、生物量等生长指标。

（3）野外试验法。对于吕梁山林下草地响应气候变暖的研究，采用野外试验法，即用开顶式生长室（Open-Top Chamber，OTC）进行模拟增温试验。在吕梁山系的管涔山、关帝山、五鹿山布设林下草地模拟增温试验样地，在吕梁山的云顶山布设亚高山草甸模拟增温试验样地。根据联合国政府间气候变化专门委员会第五次评估报告中划定的 $1.5℃$ 升温阈值，开顶式生长室设计两种增温幅度：低度增温（可使空气温度升高小于 $1.5℃$）和高度增温（可使空气温度升高大于 $1.5℃$）。

（4）室内测量法。将从试验样地获取的植物样品和土壤样品运回实验室进行室内处理与测量。将植物样品按照不同植物功能型分类以测量地上生物量，将土壤样品分离出植物根系以测量地下生物量。植物样品和土壤样品都需要在实验室用烘箱干燥以去除附着的水分，由此测量的生物量为干重。

1.4.2 技术路线

本技术路线立足研究中的格局（a）、响应（b）、关系（c）三个层面，拟解决的关键问题用灰色字体显示（图 1-1）。本技术路线的总体设计思路为：以黄土高原东部（山西省）高海拔山地为研究区，将林下草地和亚高

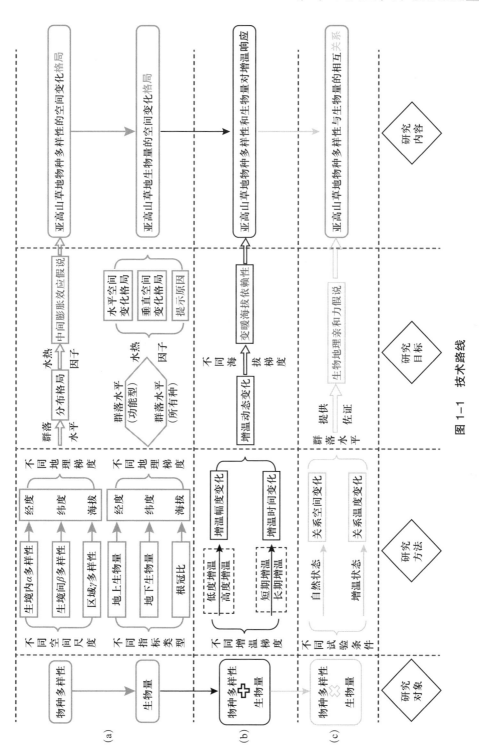

图1-1　技术路线

山草甸的物种多样性与生物量作为研究对象，划分不同经度、纬度、海拔地理梯度带，同时设置野外模拟增温试验样地，利用自然地理条件和人工控制试验对山西亚高山草地物种多样性与生物量的多尺度空间格局及对全球变暖的响应进行深入且全面的研究。

1.4.3 可行性分析

（1）方法原理。野外自然条件下的生态系统温度控制试验，其理论、技术均已发展成熟。本书根据所选典型亚高山草地的地理位置特点（位于黄土高原高海拔山地，没有电力设施，且交通不便），选择操作方便且无须电力供应的开顶式生长室作为增温装置。开顶式生长室是国际冻原计划模拟增温效应对植被影响的方法，其增温原理已非常明确。

（2）操作技术。本研究拟采用的开顶式生长室、水热传感器、数据采集器、土钻等仪器设备在前期研究中均调试和使用过。不同植物功能型和所有物种的地上、地下生物量指标，土壤的机械组成、有机碳、总碳、总氮和全磷等理化指标均可在太原师范学院地理科学学院的汾河流域科学发展研究中心（省级）和"1331 工程"重点实验室（校级）完成测定。

（3）前期研究经验。作者于 2014 年 9 月在太原师范学院从事教研工作，其间对山西吕梁山区进行了大量研究工作。2015 年获批 1 项山西省哲学社会科学规划课题，2016 年获批山西省应用基础研究计划项目、山西省高等学校科技创新项目、山西省高等学校重点学科建设项目各 1 项，2017年获批 1 项山西省城乡统筹协同创新中心科研专项基金，2018 年获批 1 项山西省软科学研究项目，2019 年获批 1 项山西省高等学校哲学社会科学研究项目，2021 年获批 1 项山西省高等学校科技创新项目和 1 项山西省基础研究计划（自由探索类）项目，另外在 2015 年、2017 年、2019 年指导国家级、省级大学生创新训练计划项目 3 项。这些科研项目的获批，为本研究奠定了坚实的工作基础。其中，在对吕梁山林下草地和亚高山草甸研究的过程中，已于 2016 年 9 月在吕梁山不同海拔梯度处和云顶山山顶设置了不同幅度的模拟增温试验样地，采用的增温装置为开顶式生长室，从而使本研究具有很强的可操作性。

1.5 草地群落研究特色与创新

1.5.1 特色

（1）试验设计具尺度性。调查样地的设计，针对物种多样性和生物量的不同地理梯度格局，其中物种多样性测度涉及 α、β、γ 三种空间尺度，生物量测定涉及地上、地下生物量，地理梯度划分包含经度、纬度、海拔，从而得到调查对象的多尺度格局。增温样地的设计，着眼增温幅度和增温时间两方面，以幅度为界设计低度增温（＜1.5℃）和高度增温（＞1.5℃），以时间为界设计短期增温（＜3a）和长期增温（＞3a），从而得到增温对象的多尺度格局。

（2）研究方案具交叉性。在国际生态学研究中，"中间膨胀效应假说"与"生物地理亲和力假说"是用来解释物种多样性及其与生物量关系的主要理论，而模拟增温试验是用来真实模拟气候变暖的有效方法。在研究方案里，将生态学的理论和方法应用到地理学，可以为地理学的快速发展注入新的生机与活力。

1.5.2 创新

纵观国内外，少见对黄土高原亚高山草地进行区域大尺度的研究，对亚高山草地物种多样性和生物量及其关系随地理梯度出现不同变化格局的原因尚未探讨，更是缺少通过模拟增温方法对山地植被响应气候变暖的海拔依赖性进行的深入研究。为此，本研究基于前期在吕梁山林下草地进行的局部尺度研究，布设长期模拟增温试验样地，同时在区域尺度上选择位于黄土高原东部的九大典型亚高山草甸，划分不同经度、纬度、海拔梯度带，从格局、响应、关系三个层面，深入探究黄土高原亚高山草地物种多样性与生物量的多尺度空间格局及对气候变暖的响应。

第2章　山西亚高山草地研究方案

2.1　研究区概况

山西省（34°34′—40°43′ N，110°14′—114°33′ E）地处黄土高原东缘，是我国第二、第三级阶梯的分界省份，同时也是黄土高原亚高山草甸分布最为集中的地区。地形复杂多变，东为太行山，西为吕梁山，中部是一系列南北走向的盆地，由北向南依次为大同盆地、忻定盆地、太原盆地、长治盆地、临汾盆地、运城盆地，山地面积占全省总面积的 80% 以上。该省属温带大陆性季风气候，年平均气温 4 ～ 14℃，夏季平均气温 22 ～ 27℃，冬季平均气温 –12 ～ –2℃，年平均降水量为 400 ～ 600 mm，全年无霜期为 4 ～ 7 个月。在复杂的地貌特征、水热组合条件下，形成以温带植被为主的植被类型。在全省较大的山系中，几乎都有亚高山草甸分布（约 35.3 万 hm²），其分布位置主要在六棱山、五台山、吕梁山、中条山等山系林线以上的高海拔地带（海拔 1 700 m 以上）。草甸植被主要以中生耐寒的多年生草本为主，常见的有苔草属、嵩草属、菊科、豆科、莎草科等科属植物；草甸土壤为亚高山草甸土，有机质含量高，枯草层较厚。

吕梁山系是山西西部山地，地处黄土高原东部，南北长约 400 km，跨纬度近 3°，从北向南海拔降低，主要包括管涔山、关帝山和五鹿山。管涔山位于吕梁山北端，位于忻州市宁武县东寨镇（38°57′—39°03′ N，112°36′—112°37′ E），呈东北—西南走向，平均海拔 1 800~2 000 m；关帝山位于吕梁山中段，位于吕梁市交城县庞泉沟镇（37°20′—38°20′ N，110°18′—111°18′ E），平均海拔 1 500 m 左右；五鹿山位于吕梁山南端，位于临汾市蒲县和隰县交界处（36°23′—36°38′ N，111°02′—111°18′ E），海拔 1 135 ～ 1 946 m，相对高差 811 m。

吕梁山位于温带季风气候区，属温带大陆性气候，年平均气温6～10℃，年平均降水量为500～620 mm，集中于7—9月。管涔山属暖温带半湿润气候区，大陆性明显，年平均气温为5～8℃，年平均降水量为350～500 mm；关帝山属于温带大陆性季风气候，年平均气温为4.5℃，年平均降水量为825 mm；五鹿山属于暖温带半湿润大陆季风气候，年平均气温为10.8℃，年平均降水量为490～550 mm。吕梁山土壤和植被类型丰富。北部管涔山土壤以山地褐土、棕壤为主，植被是以寒温带针叶林华北落叶松（*Larix principis-rupprechtii*）、云杉（*Picea asperata*）为主的针阔叶混交林；中部关帝山土壤以亚高山草甸土、淡褐土、棕壤为主，植被是以云杉和华北落叶松为主的温带针阔叶混交林；南部五鹿山的土壤以棕壤、褐土、草甸土为主，植被是以辽东栎（*Quercus wutaishansea*）、白桦（*Betula platyphylla*）为主的暖温带阔叶林。吕梁山森林中发育着物种丰富的草本植物群落，其分布范围广泛，植被覆盖度大，是吕梁山具有代表性的植被类型。

2.2　试验样地设置

2.2.1　自然调查样地设置

选择具有明显经度、纬度、海拔梯度差异的典型亚高山草甸作为自然调查样地。借助黄土高原植被类型图和山西地形图，确定黄土高原东部亚高山草甸的分布区域。2016年7—8月进行样地的选取与调查工作，选择人为干扰少、地势平坦、植被分布均匀的典型亚高山草甸作为调查样地。在整个东部（山西境内），从北向南依次调查了9个亚高山草甸，分别是六棱山系的甸顶山，五台山系的北台、东台，吕梁山系的马仑草原、荷叶坪、云中山、云顶山，中条山系的舜王坪、圣王坪（图2-1）。

2.2.2　模拟增温试验样地设置

2016年9月，在黄土高原东部的吕梁山进行模拟增温试验样地设置（图2-2）。根据管涔山、关帝山和五鹿山的实际高度（图2-3），分别划分

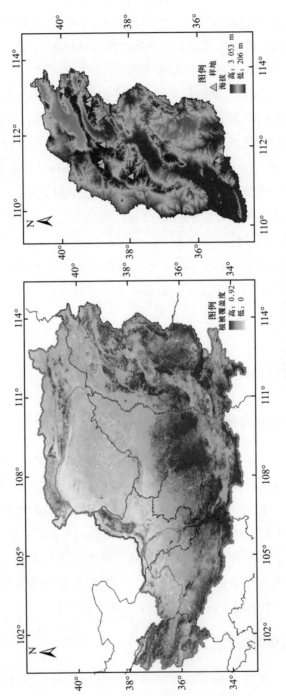

图 2-1　山西亚高山草甸调查样地

图 2-2 山西亚高山草甸和吕梁山林下草地模拟增温试验样地

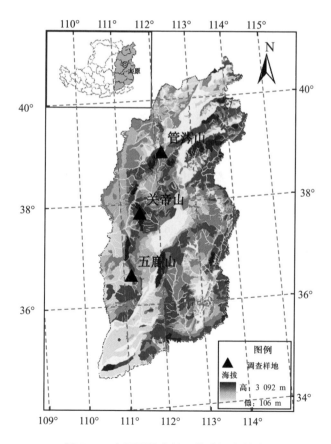

图 2-3 山西吕梁山林下草地调查样地

高、中、低 3 种海拔梯度，在每一海拔梯度的林下草地分布区，用开顶式生长室设置高（高度为 80 cm）、低（高度为 40 cm）2 种幅度的模拟增温样地，并在云顶山的亚高山草甸分布区设置同样的模拟增温样地。在所有的模拟增温样地，采用随机区组设计，设置 3 个区组，每一区组包括对照、低度增温、高度增温 3 种试验处理。

2.3　草地群落物种多样性调查

在自然调查样地（表 2-1），选取面积为 10 m × 10 m 的典型亚高山草地作为样地，每块样地随机设置 10 个面积为 1 m² 的样方进行群落物种多样性调查，调查工具为自制式 1 m × 1 m 样方框，记录样方中每个植物种的种类、高度、多度、盖度、频度。在增温试验样地（表 2-2），物种多样性调查指标同自然调查样地，但所使用的样方框大小为 0.5 m × 0.5 m（因增温仪器的顶面直径为 0.54 m）。调查频率为一年一次，调查时间为植被生长最旺盛的 7 月，同时用手持式 GPS 记录每块样地的经度、纬度、海拔。以物种为单位，计算群落水平上的物种多样性指数，得到不同空间尺度的物种多样性（α、β、γ 多样性）。

表 2-1　山西亚高山草甸调查样地的地理坐标

位置	样地	纬度 /（°N）	经度 /（°E）	海拔 /m
山西北部	甸顶山	39.85	113.94	2 265
	五台山北台	39.08	113.57	3 045
	五台山东台	39.05	113.67	2 565
山西中部	马仑草原	38.75	111.93	2 710
	荷叶坪	38.71	111.84	2 745
	云中山	38.68	112.43	2 260
	云顶山	37.88	111.54	2 690
山西南部	舜王坪	35.42	111.96	2 250
	圣王坪	35.34	112.21	1 720

表 2-2　山西吕梁山林下草地调查样地的地理坐标

位置	样地	纬度 /（°N）	经度 /（°E）	海拔 /m
吕梁山北段	管涔山高	38.76	111.94	2 571
	管涔山中	38.78	111.96	2 395
	管涔山低	38.79	111.97	2 222
吕梁山中段	关帝山高	37.89	111.43	2 179
	关帝山中	37.88	111.44	2 001
	关帝山低	37.87	111.45	1 900
吕梁山南段	五鹿山高	36.52	111.18	1 602
	五鹿山中	36.51	111.17	1 459
	五鹿山低	36.50	111.16	1 318

2.4　草地群落生物量调查

在自然调查样地，分析每块样地的不同植物功能型（禾草、莎草、杂草），在每个 1 m×1 m 样方中按照梅花状设置 5 个大小为 0.2 m×0.2 m 的小样方，采用齐地刈割法获取植被地上部分；之后采用挖土块法获取整个 0.2 m×0.2 m 面积内的植被地下根系，挖取深度为 0.2 m；最后根据调查到的禾草、莎草、杂草，在每个样方中随机挑选每类功能型植物 10 株将其单独挖出，每株植物分成地上部分和地下部分单独装袋。

在增温试验样地，生物量调查只在群落整体水平上进行，为防止对样地造成较大破坏，将样方分成多个 0.2 m×0.2 m 的小区，地上生物量仅在当年小区（数量为 1）内刈割；之后在刈割小区内分不同土层钻取根系生物量（钻数为 1），根系获取分 5 个土层：0～0.1 m、0.1～0.2 m、0.2～0.3 m、0.3～0.4 m、0.4～0.5 m，所使用工具为内径为 0.1 m 的土钻。将获取的植物地上部分和体积为 0.2 m×0.2 m×0.2 m 的土块密封带回实验室进行后期处理。地上部分样品处理要剔除掺杂的土块、枯草等，仅保留当年植物活体。地下根系样品处理首先用 40 目标准土壤筛（0.42 mm 孔径）

去除土壤中的石块等粗质杂物，再用 80 目标准土壤筛（0.18 mm 孔径）筛分出直径不小于 0.18 mm 的细根，并根据根的颜色、柔韧性及是否附着毛根辨别出活根。将处理后的地上枝叶和地下活根样品放进 80℃烘箱中烘干至恒重，用精度为 0.001 g 的电子天平称重获得植物地上、地下生物量。

2.5　草地群落环境因子测量

空气-土壤温度、水分的测量仪器，采用美国 Onset 计算机公司生产的 HOBO 系列，传感器选择国际认证并符合国家标准的型号。样地内 0.2 m 高度处的空气温度和相对湿度用 S-THB-M002 型空气温湿度探头测定；为与根系取样深度相对应，土壤分为 5 个深度：0.1 m、0.2 m、0.3 m、0.4 m、0.5 m，用 S-THB-M002 型温度探头测定土壤温度，用 S-SMD-M005 型水分探头测定土壤水分。所有传感器均连接到 H21-USB 型数据采集器，以 1 min 为时间间隔进行数据记录并储存。

2.6　草地群落数据处理

2.6.1　α 多样性

采用相对高度、相对多度、相对盖度和相对频度 4 个指标计算物种重要值，进而得到 α 多样性指数，主要包括 Simpson 指数、Shannon 指数和 Pielou 指数，同时结合 Patrick 指数，对草地群落 α 多样性在不同纬度、经度、海拔的空间分布特征进行研究。其计算公式如下

$$IV = \frac{rh + ra + rc + rf}{4} \tag{2-1}$$

$$R = S \tag{2-2}$$

$$H' = 1 - \sum_{i=1}^{S} p_i^2 \tag{2-3}$$

$$H = -\sum_{i=1}^{S} p_i \ln p_i \tag{2-4}$$

$$E = \frac{H}{\ln S} \tag{2-5}$$

$$p_i = \frac{IV_i}{IV_{\text{total}}} \tag{2-6}$$

式中：IV 为重要值，rh 为相对高度，ra 为相对多度，rc 为相对盖度，rf 为相对频度；R 为 Patrick 指数；H' 为 Simpson 指数；H 为 Shannon 指数；E 为 Pielou 指数；i 为样地内的植物物种；P_i 为某一物种 i 的重要值占所有物种重要值之和的比例；S 为样地内所有植物种类的总和。

2.6.2　β 多样性

在亚高山草甸样地，纬向上以 0.5° 为间隔，自南向北将 9 个试验样地划分成 5 个纬度梯度带；经向上以 0.45° 为间隔，自西向东将 9 个试验样地划分成 5 个经度梯度带；海拔上以 100 m 为间隔，从低到高将 9 个试验样地划分成 6 个海拔梯度带（表 2-3）。在吕梁山林下草地样地，由于纬向上的管涔山、关帝山、五鹿山已固定，故只在垂向上以 100 m 为间隔，从低海拔到高海拔将试验样地划分成 8 个梯度带（表 2-4）。

表 2-3　山西亚高山草甸样地的地理梯度带

地理梯度带	带号	地理梯度范围	地理梯度	山地名称
纬度带（0.5° 间隔）/（°N）	1	35—35.5	35.34	圣王坪
			35.42	舜王坪
	2	37.5—38	37.88	云顶山
	3	38.5—39	38.68	云中山
			38.71	荷叶坪
			38.75	马仑草原
	4	39—39.5	39.05	五台山东台
			39.08	五台山北台
	5	39.5—40	39.85	甸顶山
经度带（0.45° 间隔）/（°E）	1	111.15—111.6	111.54	云顶山

续表

地理梯度带	带号	地理梯度范围	地理梯度	山地名称
经度带（0.45°间隔）/（°E）			111.84	荷叶坪
	2	111.6—112.05	111.93	马仑草原
			111.96	舜王坪
	3	112.05—112.5	112.21	圣王坪
			112.43	云中山
	4	113.4—113.85	113.57	五台山北台
			113.67	五台山东台
	5	113.85—114.3	113.94	甸顶山
海拔带（100 m间隔）/m	1	1 700～1 800	1 720	圣王坪
			2 250	舜王坪
	2	2 200～2 300	2 260	云中山
			2 265	甸顶山
	3	2 500～2 600	2 565	五台山东台
	4	2 600～2 700	2 690	云顶山
			2 710	马仑草原
	5	2 700～2 800	2 745	荷叶坪
	6	3 000～3 100	3 045	五台山北台

表 2-4　山西吕梁山林下草地样地的地理梯度带

地理梯度带	带号	地理梯度	地理梯度范围	山地名称
海拔带（100 m间隔）/m	1	1 400～1 500	1 459	五鹿山
	2	1 600～1 700	1 602	五鹿山
	3	1 900～2 000	1 900	关帝山
	4	2 000～2 100	2 001	关帝山

续表

地理梯度带	带号	地理梯度	地理梯度范围	山地名称
	5	2 100～2 200	2 179	关帝山
海拔带（100 m 间隔）/m	6	2 200～2 300	2 222	管涔山
	7	2 300～2 400	2 395	管涔山
	8	2 500～2 600	2 571	管涔山

将同一地理梯度带内的各样地物种进行合并，比较相邻两梯度带之间 β 多样性指数的变化，以此研究草地群落 β 多样性纬向、经向、海拔的分异特征。β 多样性的测度主要有两个方面的内容：基于物种组成的群落相异性和基于物种分布界限的物种更替。与 α 多样性不同的是，β 多样性测度可分成二元属性数据测度方法和数量数据测度方法两种，因此，采用基于二元属性数据的 Cody 指数和 Sorenson 相异性指数，以及基于数量数据的 Bray-Curtis 指数。计算公式如下

$$\beta_C = \frac{a + b - 2c}{2} \tag{2-7}$$

$$\beta_S = 1 - \frac{2c}{a + b} \tag{2-8}$$

$$\beta_{B-C} = \frac{2cIV}{a + b} \tag{2-9}$$

式中：β_C 为 Cody 指数，β_S 为 Sorenson 相异性指数，β_{B-C} 为 Bray-Curtis 指数；a 和 b 分别为样地 A 和样地 B 群落各自的物种数，c 为两个样地群落共有的物种数；cIV 为样地 A 和样地 B 共有种中重要值（IV）较小者之和，即 $cIV = \sum \min (cIVa, cIVb)$。

2.6.3　γ 多样性

γ 多样性为在一个地理范围内各生境中的物种丰富度，多指区域或大陆尺度的物种数量。将草地群落分布区划分出不同的经纬度梯度带和海拔梯度带（亚高山草甸样地有 5 个经纬度梯度带和 6 个海拔梯度带，吕梁山林

下草地样地有 8 个海拔梯度带），以每个地理梯度带中的总物种数目（总物种丰富度 S）为分析指标，探究草地群落 γ 多样性的空间分布格局。

2.6.4　生物量

将测得的地上生物量与地下生物量求和，作为总生物量；将地下生物量除以地上生物量，作为根冠比；将地上生物量、地下生物量、总生物量和根冠比作为生物量指标，进行草地群落生物量随不同纬度、经度、海拔变化趋势的研究。

第3章 山西亚高山草甸物种多样性的空间分布特征

物种多样性作为群落的可测性指标反映生态系统基本特征，表征生态系统变化，维持生态系统生产力，是群落各物种通过竞争或协调资源共存的结果，是生态系统正常运转的重要物质基础。物种多样性在陆地表面上沿地理梯度的空间格局因地而异，这是不同生态因子变化的结果，在探究物种多样性梯度变化时很难把不同因子间的相互作用区分开来，往往是几个因子的综合作用。目前，研究物种多样性的空间格局变化多集中在易于观察的垂直海拔梯度变化以及水平纬度和经纬度梯度变化规律。物种多样性在不同地区、不同山体、不同植被类型的空间格局变化是对物种的分布状况、生态特性及其对环境的适应能力的反映，目前并没有统一的规律与解释，因此，在不同地区的不同植被类型进行物种多样性在空间梯度上的变化特征的研究，对于植物群落生态系统的保护具有重要意义和价值。

3.1 α多样性的空间分布特征

亚高山草甸 Simpson 指数（H'）、Shannon 指数（H）、Pielou 指数（E）和 Patrick 指数（R）在不同山地差异较大，其平均值分别为 0.88、2.50、0.86 和 19.11，但其变化趋势较为一致，从最北部的甸顶山到最南部的圣王坪，均呈波形曲线变动（图 3–1）。α 多样性指数最高值（平均为 7.75）出现在云中山，最低值（平均为 3.56）出现在马仑草原，最高值与最低值均出现在中部山地，且二者差异达到显著水平（$P < 0.05$），表明中部山地 α 多样性波动较大。中部山地从马仑草原到云顶山，其 α 多样性指数先增大后减小（$P < 0.05$），平均为 5.35；北部山地从甸顶山到五台山东台，其 α 多样性指数先减小后增大（$P < 0.05$），平均为 6.33；南部山地从舜王坪到

圣王坪，其 α 多样性指数无显著变化趋势（$P < 0.05$），平均为 6.08。由此可见，在趋势上，亚高山草甸越趋向南部，其 α 多样性变化越不明显；在数量上，亚高山草甸 α 多样性在中部山地最低，在北部和南部山地较高且相差不大。除 E 外，H'、H 和 R 变化具有高度一致性，且从甸顶山到云顶山在相邻山地间均达到显著水平（$P > 0.05$）；而 E 变化只在从五台山东台到荷叶坪的相邻山地间达到显著水平（$P < 0.05$）；从云顶山到圣王坪，α 多样性指数均未达到显著水平（$P > 0.05$）（表 3-1）。

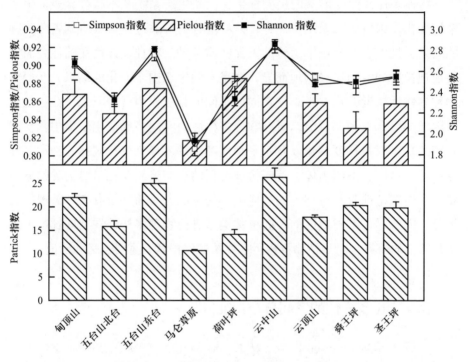

图 3-1　山西亚高山草甸 α 多样性空间分布

在水平空间方面，亚高山草甸 α 多样性指数随经度、纬度呈相似的变化格局（图 3-2）。随经纬度增加，R、H'、H 和 E 均出现先增加后减小的变化趋势，并在高纬度、低经度山地出现较大值，表现为在纬向上的偏高单峰曲线和在经向上的偏低单峰曲线。R、H'、H 和 E 最大值均出现在 38.7°N、112.4°E 附近，分别为 26.3、0.92、2.86 和 0.88。α 多样性指数随经纬度的变化趋势以 38°N 为界出现较大差异。当纬度低于 38° 时，α 多样性指数随纬度变化较为平缓，最大值与最小值差值分别为 8.5、

0.04、0.39 和 0.05；随经度呈现对称性变化，以 112.3°E 为对称轴。当纬度高于 38°时，α 多样性指数随纬度变化较为剧烈，相应的最大值与最小值差值分别为 15.6、0.11、0.93 和 0.07；随经度呈现非对称性变化，起初较为剧烈后趋于平缓。在垂直空间方面，R、H'、H、E 与海拔呈负相关关系（相关系数平均为 –0.363），但均未达到显著水平（$P > 0.05$），表明海拔对 α 多样性影响不显著，且随海拔升高 α 多样性呈减小趋势（表 3–1）。

表 3–1　山西亚高山草甸 α 多样性与海拔的相关性分析
及在不同山地的显著性分析

分析类型	项目	Patrick 指数	Simpson 指数	Shannon 指数	Pielou 指数
相关性	海拔 /m	−0.5 （P=0.17）	−0.387 （P=0.303）	−0.463 （P=0.21）	−0.103 （P=0.792）
	甸顶山	bc	ab	bc	ab
	五台山北台	ef	c	e	abc
	五台山东台	ab	a	ab	ab
显著性	马仑草原	g	d	f	c
	荷叶坪	f	bc	e	a
	云中山	a	a	a	a
	云顶山	de	bc	d	abc
	舜王坪	cd	bc	d	bc
	圣王坪	cd	bc	cd	abc

注：字母不同代表差异显著（$P < 0.05$），字母相同代表差异不显著（$P > 0.05$）。全书同。

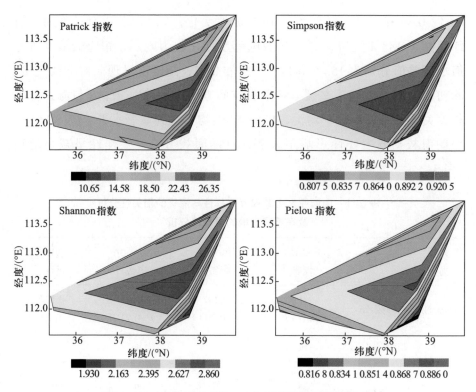

图 3-2　山西亚高山草甸 α 多样性随经纬度的变化

3.2　β多样性的空间分布特征

亚高山草甸 β 多样性随纬度、经度、海拔呈现不同变化趋势，但在同一类型梯度带，Cody 指数（β_C）、Sorenson 相异性指数（β_S）、Bray–Curtis 指数（β_{B-C}）变化趋势较为一致（图 3-3）。纬向上，相对于初始带（带号 1），在不同纬度带间，β_C、β_S、β_{B-C} 均呈减小趋势，减幅分别为 26.9%、29.8%、32.7%；在相邻纬度带间，β_C、β_S、β_{B-C} 也呈减小趋势，并且减幅明显增大，分别为 46.2%、42.5%、62.8%。整体而言，随纬度增加，β_C、β_S、β_{B-C} 减小（平均减幅分别为 36.55%、36.15%、47.75%）。

经向上，相对于初始带（带号 1），在不同经度带间，β_C 和 β_{B-C} 呈先增大后减小趋势（减幅分别为 11.1% 和 8.1%），而 β_S 呈先减小后增大趋势（增幅为 0.7%）；在相邻经度带间，β_C 和 β_{B-C} 也呈先增大后减小趋势（β_C 减幅为 27.8%，β_{B-C} 增幅为 6.6%），而 β_S 呈先减小后增大再减小趋势（减幅为 31.24%）。整体而言，随经度增加，β_C 减小（平均减幅为 19.45%），β_S 减小（平均减幅为 15.27%），β_{B-C} 略有减小（平均减幅为 0.75）。

　　垂向上，相对于初始带（带号 1），在不同海拔带间，β_C 呈波动减小趋势（减幅为 3.9%），β_{B-C} 呈先增大后减小趋势（增幅为 15.7%），而 β_S 呈增大趋势（增幅为 54.7%）；在相邻海拔带间，β_C 呈减小趋势（减幅为 62.75%），β_S 呈先减小后增大趋势（减幅为 22%），β_{B-C} 呈减小趋势（减幅为 75.4%）。整体而言，随海拔增加，β_C 减小（平均减幅为 33.33%），β_S 趋于增大（平均增幅为 16.35%），β_{B-C} 减小（平均减幅为 29.85%）。

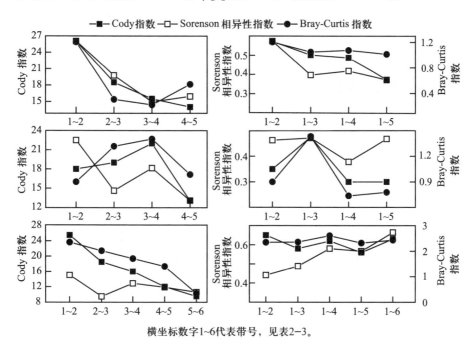

横坐标数字1~6代表带号，见表2-3。

图 3-3　山西亚高山草甸 β 多样性的空间分布

3.3　γ 多样性的空间分布特征

　　亚高山草甸 γ 多样性在空间分布上具有高度一致性（图 3-4）。纬向上，总物种丰富度（S）随纬度总体呈对数函数式减小趋势（R^2=0.185，

$P > 0.05$），但在37.5°—40°N纬度带呈显著的先增大后减小的二次函数式变化（R^2=0.885，$P < 0.01$）。经向上，S随经度呈显著的先增大后减小的二次函数式变化（R^2=0.784，$P < 0.01$），且在112.05°—112.5°E经度带出现峰值。垂向上，S随海拔也呈显著的先增大后减小的二次函数式变化（R^2=0.598，$P < 0.05$），且在2 200～2 300 m海拔带出现峰值。纬度、经度、海拔各梯度带的S平均值分别为47.6、48.6、40.3，表明区域上物种在水平空间上的分布略高于垂直空间上的分布。

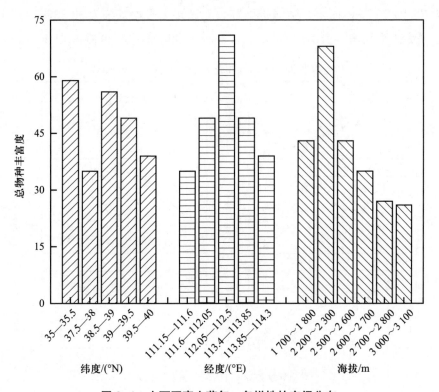

图3-4　山西亚高山草甸γ多样性的空间分布

第4章　山西亚高山草甸生物量的空间分布特征

植被生物量作为生态系统的基本数量特征，能够体现植被生产力状况，是研究生态系统功能的基础。生物量作为植物群落功能与结构的重要指标之一，众多研究发现植物群落的生物量随海拔升高呈增加的趋势，但也有研究发现生物量随海拔升高呈逐渐降低的趋势。植物群落生物量的大小和空间分布受气候、地形和土壤等多种环境因素的共同影响，探究不同山地不同类型植被的生物量的分布变化及原因，对保护当地植物生态系统具有重要意义。植被生物量与物种多样性是体现植被生态系统服务功能的重要指标，是保障生态系统稳定的基本要素。植物群落生物量与物种多样性之间的关系能够表明生物多样性对生态系统功能的作用途径和过程。在自然条件下，由于研究对象的空间尺度、区域差异等因素，对植被生物量与物种多样性之间的关系产生复杂的影响，二者的关系表现为正、负相关性或对数线性增加等类型。探讨生物量与物种多样性的变化关系及环境解释，对阐明植被生态系统功能作用及其内在机制有着重要意义。

4.1　生物量指标数量特征

亚高山草甸各生物量指标在不同山体波动变化（表4–1）。地上生物量（AB）、地下生物量（BB）、总生物量（TB）、根冠比（R/S）的变化范围分别为 54.85 ～ 344.95 g/m²、258.05 ～ 901.4 g/m²、364.9 ～ 1 023.1 g/m²、1.34 ～ 10.88，变异系数分别为 0.614、0.437、0.373、0.668，表明亚高山草甸 AB 较 BB 波动大，但 TB 波动较小。从最北部的甸顶山到最南部的圣王坪，AB 呈波动递增趋势（R^2=0.402，$P > 0.05$），较大值出现在南部的圣王坪、舜王坪及中部的荷叶坪，且南部山地的 AB（319.05 g/m²）显著高于北部山地（112.35 g/m²）和中部山地（126.4 g/m²）（$P < 0.05$）；BB 呈波动递减趋势（R^2=0.206，$P > 0.05$），较大值出现在北部的五台山北台、甸顶山及中部的荷叶坪，且北部山地的 BB（622.62 g/m²）显著高于中部山地（431.39 g/m²）和南部山地（437.18 g/m²）（$P < 0.05$）；TB 无明显变化趋势（R^2=0.018，$P > 0.05$），较大值出现在中部的荷叶坪、北部的五台山北台、南部的圣王坪，且中部山地的 TB（557.79 g/m²）显著低于北部山地（734.97 g/m²）和南部山地（756.23 g/m²）（$P < 0.05$）；R/S 呈波动递减趋势（R^2=0.315，$P > 0.05$），较大值出现在北部的五台山北台及中部的云顶山、马仑草原，且南部山地的 R/S（1.49）显著低于北部山地（6.19）和中部山地（4.34）（$P < 0.05$）。另外，北部山地从甸顶山到五台山东台，AB 呈先减后增的变化趋势，而 BB、TB、R/S 均呈先增后减的变化趋势，表明在北部山地生物量分配趋于地下部分。

表 4-1　山西亚高山草甸生物量空间分布统计

山地	地上生物量 / （g/m²）	地下生物量 / （g/m²）	总生物量 / （g/m²）	根冠比
甸顶山	126.400 ± 16.348 d	552.350 ± 139.573 bc	678.750 ± 149.120 bcde	4.268 ± 0.800 bcd
五台山北台	85.550 ± 12.002 d	901.400 ± 104.680 a	986.950 ± 114.034 ab	10.880 ± 1.041 a
五台山东台	125.100 ± 8.622 d	414.100 ± 42.257 c	539.200 ± 39.461 cde	3.417 ± 0.456 bcd
马仑草原	72.100 ± 5.233 d	369.600 ± 51.519 c	441.700 ± 54.890 de	5.075 ± 0.626 bc
荷叶坪	235.250 ± 29.123 bc	787.850 ± 55.681 ab	1 023.100 ± 60.086 a	3.675 ± 0.650 bcd
云中山	143.400 ± 33.474 cd	258.050 ± 62.421 c	401.450 ± 65.011 de	2.202 ± 0.657 cd
云顶山	54.850 ± 6.957 d	310.050 ± 70.802 c	364.900 ± 68.983 e	6.412 ± 0.839 b
舜王坪	293.150 ± 51.611 ab	415.600 ± 61.728 c	708.750 ± 89.694 abcd	1.638 ± 0.334 d
圣王坪	344.950 ± 48.528 a	458.750 ± 106.270 c	803.700 ± 137.171 abc	1.337 ± 0.232 d

4.2　生物量水平空间分布

亚高山草甸生物量的水平空间分布具有明显特征（图4-1）。随经纬度增加，AB 整体呈减小趋势，BB、TB、R/S 均呈增大趋势，表明亚高山草甸往北往东发展，其生物量更多地分配到地下部分。而且，AB 随纬度的变化趋势（$R^2=0.607\ 5$）明显高于经度（$R^2=0.067\ 7$），BB 随纬度的变化趋势（$R^2=0.069\ 1$）略低于经度（$R^2=0.138\ 4$），TB 随纬度的变化趋势（$R^2=0.018\ 7$）也略低于经度（$R^2=0.0673$），但 R/S 随纬度的变化趋势（$R^2=0.489\ 6$）明显高于经度（$R^2=0.086\ 8$），表明 AB 在纬向上变化更为明显，而 BB 在经纬向上变化差异较小。

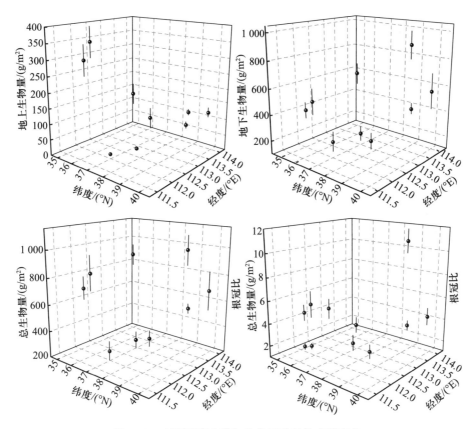

图 4-1　山西亚高山草甸生物量随经纬度的变化

4.3 生物量垂直空间分布

在垂向上，生物量随海拔的变化趋势也有差异（图 4-2）。AB 与海拔梯度呈显著递减关系（$P < 0.05$），BB 和 TB 与海拔梯度的递增关系未达到显著水平（$P > 0.05$），表明 AB 与海拔的关系更为密切。R/S 与海拔梯度呈极显著递增关系（$P < 0.01$），表明垂向上的生物量分配也趋向于地下部分。

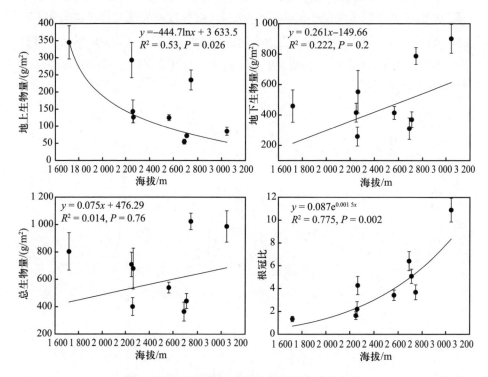

图 4-2 山西亚高山草甸生物量随海拔的变化

4.4 生物量与物种多样性的关系

为探讨亚高山草甸物种多样性与生物量的相互关系（图 4-3），对各 α 多样性指数与生物量指标进行两两回归分析，发现只有 R 和 H 与 AB、R/S 的相关性达到显著水平，表明物种多样性对 AB 影响较大。AB 与 R、H 呈显著正相关（$P < 0.05$），R/S 与 R、H 呈极显著负相关（$P < 0.01$），表明

随物种多样性增加，*AB* 增大，生物量分配趋向于地上部分。另外，*R* 和 *H* 与 *AB*、*R/S* 的回归关系均符合幂指数函数，且幂指数与 1 差距较大，表明物种多样性与生物量异速生长。

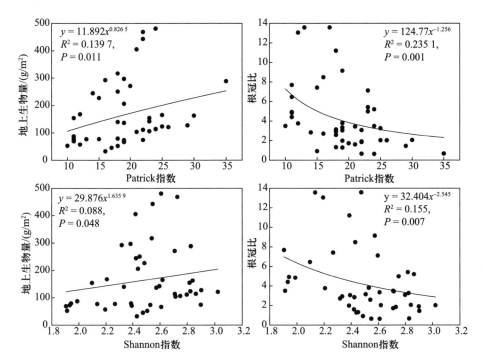

图 4-3　山西亚高山草甸 α 物种多样性指数与生物量指数的回归分析

第5章　山西吕梁山林下草地植物区系分析

对吕梁山林下草地调查到的植物进行科、属、种水平上的特征分析，如分布区类型及地理成分的特征分析，得到吕梁山林下草地草本植物群落的区系特征，从而全面了解吕梁山林下草本植物的自然生长环境、区系组成及地理成分特征。吕梁山草本植物群落物种的鉴定与分类主要通过查找《中国植物志》（http：//www.iplant.cn/frps）、《山西植被》以及《关帝山植物志》等相关书籍资料，在从事植物分类学研究的专家协助下完成。植物的分布区类型和地理成分分析主要参考吴征镒的《中国植被》和李锡文的《中国种子植物区系统计分析》等关于植物科、属的分布区类型的描述。

5.1　草本植物科、属、种的分布特征

在吕梁山共调查到 58 种草本植物，隶属 26 科 50 属（表 5-1）。其中，优势种为披针薹草（*Carex lancifolia*）、锦葵（*Malva sinensis*）、莓叶委陵菜（*Potentilla fragarioides*）；优势属包括野豌豆属、委陵菜属、锦葵属等；优势科有菊科、蔷薇科、毛茛科、豆科等。

表 5-1　山西吕梁山林下草本植物科属种分布表

编号	科名	属名 / 种数	属 / 种数
1	菊科 （Asteraceae）	蒿属（*Artemisia*/3）、蓟属（*Cirsium*/2）、橐吾属（*Ligularia*/1）、天名精属（*Carpesium*/1）、风毛菊属（*Saussurea*/1）、鱼眼草属（*Dichrocephala*/1）、紫菀属（*Aster*/1）、马兰属（*Kalimeris*/1）	8/11
2	蔷薇科 （Rosaceae）	草莓属（*Fragaria*/1）、地榆属（*Sanguisorba*/1）、路边青属（*Geum*/1）、委陵菜属（*Potentilla*/2）、蔷薇属（*Rosa*/1）	5/6

续表

编号	科名	属名/种数	属/种数
3	豆科 （Leguminosae）	野豌豆属（*Vicia*/3）、胡枝子属（*Lespedeza*/1）、苜蓿属（*Medicago*/1）	3/5
4	玄参科 （Scrophulariaceae）	马先蒿属（*Pedicularis*/1）、柳穿鱼（*Linaria*/1）、阴行草属（*Siphonostegia*/1）	3/3
5	百合科 （Liliaceae）	舞鹤草属（*Maianthemum*/1）、藜芦属（*Veratrum*/1）、葱属（*Allium*/1）	3/3
6	禾本科 （Gramineae）	早熟禾属（*Poa*/1）、燕麦属（*Avena*/1）	2/2
7	石竹科 （Caryophyllaceae）	繁缕属（*Stellaria*/1）	1/1
8	莎草科 （Cyperaceae）	薹草属（*Carex*/1）	1/1
9	车前科 （Plantaginaceae）	车前属（*Plantago*/1）	1/1
10	蝶形花科 （Fabaceae）	棘豆属（*Oxytropis*/1）	1/1
11	牻牛儿苗科 （Geraniaceae）	老鹳草属（*Geranium*/1）	1/1
12	唇形科 （Labiatae）	荆芥属（*Nepeta*/1）	1/1
13	锦葵科 （Malvaceae）	锦葵属（*Malva Linn*/2）	1/2
14	天南星科 （Araceae）	半夏属（*Pinellia*/1）	1/1
15	茜草科 （Rubiaceae）	拉拉藤属（*Galium*/1）	1/1
16	兰科 （Orchidaceae）	舌唇兰属（*Platanthera*/1）	1/1
17	凤仙花科 （Balsaminaceae）	凤仙花属（*Impatiens*/1）	1/1
18	壳斗科 （Fagaceae）	栎属（*Quercus*/1）	1/1

编号	科名	属名 / 种数	属 / 种数
19	毛茛科 （Ranunculaceae）	金莲花属（*Trollius*/1）、铁线莲属（*Clematis*/2）、毛茛属（*Ranunculus*/1）、银莲花属（*Anemone*/1）、唐松草属（*Thalictrum*/1）	5/6
20	蓼科 （Polygonaceae）	蓼属（*Persicaria*/1）、萹蓄属（*Polygonum*/1）	2/2
21	伞形科 （Umbelliferae）	当归属（*Angelica*/1）、变豆菜属（*Sanicula*/1）	2/2
22	龙胆科 （Gentianaceae）	龙胆属（*Gentiana*/1）	1/1
23	报春花科 （Primulaceae）	点地梅属（*Androsace*/1）	1/1
24	花荵科 （Polemoniaceae）	花荵属（*Polemonium*/1）	1/1
25	柳叶菜科 （Onagraceae）	柳叶菜属（*Epilobium*/1）	1/1
26	木贼科 （Equisetaceae）	木贼属（*Equisetum*/1）	1/1

5.1.1 科—属的分布特征

在草本植物中包含属较多的科有菊科（8属）、蔷薇科（5属）、毛茛科（5属）、豆科（3属）、玄参科（3属）、百合科（3属）6个科，6科包括的属总计有27属，占总属数的50%以上，即在少数的科中包含多数的属，表明属在科的分布中相对不均匀。此外，蓼科、禾本科、伞形科均为2属，多属植物科占总科数的34.6%，其余的17科草本植物均为单属植物，占总科数的65.4%，表明吕梁山的单属科草本植物在科的数目上占优势。

5.1.2 属—种的分布特征

在表5-1属种数的统计结果中，在50属植物中，所含种数大于2种的属主要有锦葵属（2种）、委陵菜属（2种）、铁线莲属（2种）、蓟属（2种）、野豌豆属（3种）、蒿属（3种）6个属，占总属数的12%，共计包含

14 种植物，占总物种数的 24.1%；其余的 44 属植物均为单种属物种，占总属数的 88%。由此表明，吕梁山草本群落中多种属的数量较低，单种属的数量最多，占绝对优势。

5.1.3　科—种的分布特征

在调查到的 26 科植物中，大科植物（所含种的数量超过 5 种）主要有 4 科，分别是菊科（11 种）、蔷薇科（6 种）、毛茛科（6 种）、豆科（5 种），一共有 28 种物种，占总物种数的 48.3%；所含种数在 2~3 种的科主要有 6 科，分别是锦葵科（2 种）、蓼科（2 种）、禾本科（2 种）、玄参科（3 种）、伞形科（2 种）、百合科（3 种），一共含物种 14 种，占总物种数的 24.1%，占总科数的 23.1%；剩余 16 科植被均为单种科，占总物种数的 27.6%，占总科数的 61.5%。由此表明，种在科中的分布相对不均，单种科在科的数量中所占比重较大，其次是 5 种以上的大科种，最后是 2~3 种和单种的小科种。

5.2　草本植物科、属的分布区类型

5.2.1　科的地理成分分析

吕梁山草本植物中调查到的种子植物共计 57 种，分属于 25 科 49 属。

吕梁山 25 科草本植物的分布区类型统计见表 5-2，将科分为 3 个分布区类型和 1 个变型，即世界分布（widespread）、泛热带分布（pantropic）、北温带分布（north temperate）以及北温带和南温带（全温带）间断分布（N.Temp.& S. Temp. disjuncted）。其中优势科中的菊科、蔷薇科和豆科属于世界分布，毛茛科属于温带分布；世界分布有 12 科 36 种，占总科数的 48%，占总种数的 63.16%，包括菊科、蔷薇科等；泛热带分布有 6 科 7 种，占总科数的 24%，占总种数的 12.28%，包括锦葵科、天南星科等；北温带分布有 5 科 12 种，占总科数的 20%，占总种数的 21.05%，包括蓼科、毛茛科等；北温带和南温带（全温带）间断分布有 2 科 2 种，占总科数的 8%，占总种数的 3.51%，包括花葱科、柳叶菜科。

草本植物的科的地理成分以世界分布类型为主，其次是泛热带分布和北温带分布类型，北温带和南温带（全温带）间断分布不多，没有中国特有科的分布。虽主要地理成分为世界分布型，但其中的菊科、禾本科等中出现的属多为北温带分布，体现出植物区系的温带特征。

表5-2 山西吕梁山林下草本植物科的分布区类型统计

分布类型及其变型	科数	占总科数 / （%）	种数	占总种数 / （%）
世界分布	12	48.00	36	63.16
泛热带分布	6	24.00	7	12.28
北温带分布	5	20.00	12	21.05
北温带和南温带（全温带）间断分布	2	8.00	2	3.51

5.2.2 属的地理成分分析

吕梁山49属草本植物的分布区类型统计见表5-3，分为9个分布区类型和6个变型，其中优势属中的野豌豆属、委陵菜属和锦葵属均为温带分布，蒿属为世界分布；世界分布属有12属15种，占总属数的24.49%，占总种数的26.32%，常见属有毛茛属、早熟禾属等；属于热带地理成分的植物有3属3种，占总属数的6.12%，占总种数的5.26%，包括凤仙花属、地榆属和鱼眼草属；温带分布植物有34属39种，占总属数的69.39%，占总种数的68.42%，主要有蔷薇属、蓼属等，没有中国特有属的分布。其中，温带地理成分有34属39种，分别占总属数、总种数的69.39%、68.42%，表明吕梁山草本植被的温带分布属在植物数量上占优势，本地区物种的植物区系的温带特征显著，具有典型的温带性质。

表5-3 山西吕梁山林下草本植物属的分布区类型统计

分布区类型	分布区变型	属数	占总属数 / （%）	种数	占总种数 / （%）
世界分布	无	12	24.49	15	26.32

续表

分布区类型	分布区变型	属数	占总属数 /（%）	种数	占总种数 /（%）
泛热带分布	热带亚洲、非洲和中南美洲间断分布	1	2.04	1	1.75
热带亚洲和热带美洲间断分布	无	1	2.04	1	1.75
旧世界热带分布	无	1	2.04	1	1.75
北温带分布	北极—高山分布 北温带和南温带（全温带）间断分布 欧亚和南美洲温带间断分布	23	46.94	27	47.37
东亚和北美洲间断分布	无	1	2.04	1	1.75
旧世界温带分布	欧亚和南非（有时到澳大利亚）间断分布	8	16.33	9	15.79
温带亚洲分布	无	1	2.04	1	1.75
东亚分布	中国—日本分布	1	2.04	1	1.75

由此可见，在吕梁山样地共调查到 58 种草本植物，隶属 26 科 50 属，主要科有毛茛科、菊科、蔷薇科等，主要属有铁线莲属、锦葵属、委陵菜属等，以多年生草本为主。属在科中分布相对不均，即多数属分布在少数科中，单属科植物在科数量上占有优势；在属种分布中，单种属的数量占绝对优势，多种属的比例较低，说明区系中属的分化程度较高；种在科中的分布也不均匀，较多分布在 5 种以上的大科中，单种科在科的数量上超过一半。

吕梁山草本植物的分布区类型整体上以温带性质为主，地理成分具有典型的温带特征，没有中国特有科和中国特有属的分布。科的分布区类型主要以世界分布、泛热带分布、北温带分布为主，北温带和南温带（全温带）间断分布较少；属的分布区类型主要有 9 个分布区类型和 6 个变型，其中温带分布类型占优势。

第6章　山西吕梁山林下草地环境因子变化

对吕梁山林下草地的空气–土壤温度和湿度数据进行日变化与随海拔变化特征的分析，得到吕梁山林下草本植物群落内环境因子的变化特征，进一步探究环境因子对草本群落植物生长的影响。空气–土壤温度和湿度的观测是在植被调查完毕之后进行的，不同山地不同海拔梯度的环境因子观测是在每天的同一时间点（09：00）开始连续观测 24 h，每个山地共观测 3~4 d。

6.1　温度、湿度的日变化

在不同山地的不同海拔，温度的日变化均呈先升后降的波动变化。图 6-1 中以 05：30 日出前后为起始时间，空气温度在 11：00 开始持续升高，在 13：00—15：00 达到最高，此后温度开始波动下降，其中管涔山和关帝山的最高温均出现在高海拔地区，五鹿山最高温出现在中海拔地区，3 个山地的平均温度分别为 15.09℃、16.94℃和 20.81℃，从吕梁山北部到南部温度逐渐升高。

土壤温度的整体波动较小，在 13：00 开始升高，在 17：00—20：00 出现最高值，之后开始下降。土壤温度随时间呈先升后降的变化趋势，与空气温度呈极显著的正相关关系（$R=0.974$，$P < 0.01$）（表 6-1），但土壤温度在时间上具有明显的滞后性（图 6-1）。管涔山、关帝山和五鹿山的土壤平均温度分别为 13.04℃、15.99℃和 20.31℃，从北向南土壤温度逐渐升高。整体而言，空气平均温度高于土壤平均温度，3 个山地的两者差值分别为 2.05℃、0.95℃和 0.5℃，但在日出前后土壤平均温度高于空气平均温度。

空气湿度在不同的山地随时间呈先下降后上升的变化趋势，与空气温度变化趋势基本一致，空气温度上升导致空气湿度开始下降，两者呈极显

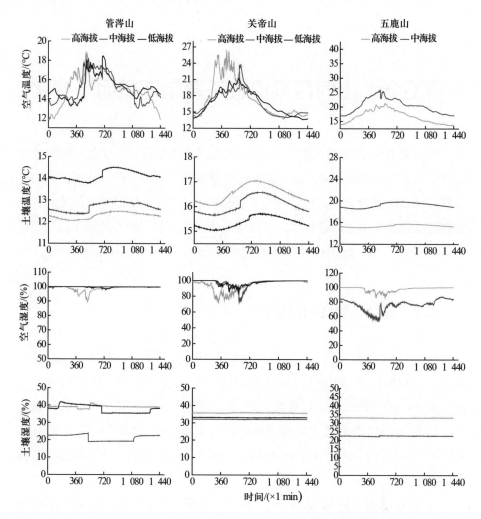

图 6-1 山西吕梁山林下草地环境因子的日变化特征

著负相关关系（R=-0.961，$P < 0.01$）；与土壤温度呈显著负相关关系（R= -0.484，$P < 0.05$）（表 6-1）。管涔山、关帝山和五鹿山的空气湿度的最低值分别为 89.5%、71.2% 和 36.4%，这与空气和土壤的变化显著一致。

土壤湿度在不同海拔的变化均较平稳，波动较小，关帝山和五鹿山的土壤湿度随时间均无明显的波动，管涔山的土壤湿度具有明显的波动变化（图 6-1）。土壤湿度与空气温度（R=-0.551，$P < 0.01$）、土壤温度（R=-0.927，$P < 0.01$）均呈极显著负相关关系，即随着温度升高土壤湿度降低；与空气

湿度呈极显著正相关关系（R=0.559，$P < 0.01$），即空气和土壤湿度变化具有显著的一致性（表6-1）。

表6-1　山西吕梁山林下草地环境因子间的 Pearson 相关系数

环境因子	海拔	空气温度	土壤温度	空气湿度	土壤湿度
海拔	1.000				
空气温度	−0.899**	1.000			
土壤温度	−0.921**	0.974**	1.000		
空气湿度	0.899**	−0.961**	−0.484*	1.000	
土壤湿度	0.519**	−0.551**	−0.927**	0.559**	1.000

注：** 表示在 0.01 水平上显著；* 表示在 0.05 水平上显著。

6.2　温度、湿度的海拔变化

在生长季中，吕梁山草本群落的环境因子的平均值分别为：空气温度是（16.86±1.89）℃、土壤温度是（15.56±2.45）℃、空气湿度是（93.39±8.85）%、土壤湿度是（31.18±6.73）%。温度随着海拔升高呈波动下降的变化趋势，湿度随着海拔升高呈上升的变化趋势（图6-2）。环境因子与海拔的相关性分析（表6-1）表明，空气温度（AT）、土壤温度（ST）与海拔（E）呈负相关关系，拟合关系分别为：$AT= −0.004\,5E+26.051$（R^2=0.810）、$ST= −0.006E+27.906$（R^2=0.859）；空气湿度（AH）、土壤湿度（SM）与海拔（E）呈正相关关系，拟合关系分别为：AH=0.019\,9E+52.68（R^2=0.719）、SM=0.008\,6E+13.589（R^2=0.109），且温度、湿度与海拔的关系都达到极显著（$P < 0.01$）。海拔的变化对空气–土壤的温度、湿度变化的影响极显著，随着海拔的升高，温度和湿度分别呈下降和上升趋势。

由此可见，在吕梁山林下草地水热因子变化中，温度表现为先升后降的变化趋势，土壤温度变化具有滞后性，随着海拔升高温度均呈显著下降趋势。湿度变化具有显著一致性，不同山体的土壤湿度没有明显的波动变化，受连续降水天气的影响，部分山体空气湿度接近饱和，随着海拔的升高湿度均呈显著上升趋势。整体上，海拔的变化对空气、土壤的温度、湿度变化的影响极其显著，随着海拔的升高，温度和湿度分别呈下降和上升趋势。

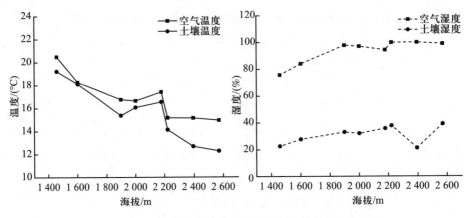

图 6-2　山西吕梁山林下草地环境因子随海拔的变化特征

第7章 山西吕梁山林下草地物种多样性的空间格局

在吕梁山植被研究中多数是进行垂直方向上梯度的研究，物种多样性的研究也多集中在 α 多样性的研究，对于垂直梯度和水平梯度上的物种多样性综合研究相对较少，因此，需要在吕梁山草本植物样地开展不同环境尺度上物种多样性（α 多样性、β 多样性、γ 多样性）的综合研究。在植被生长季对吕梁山草本群落的生长特征进行调查，调查时将草本层中的乔木、灌木、藤本植物幼苗归入草本群落。在物种个体水平上调查植物的多度、高度、盖度、频度等生长特征指标；在植物群落水平上调查植被物种多样性指数，通过对草本群落物种多样性（α、β、γ）的海拔和纬度梯度格局的分析，从而得到吕梁山林下草本植被物种多样性的空间格局特征。

7.1 α 多样性的空间格局

在垂直空间上，Simpson 指数（H'）、Shannon 指数（H）和 Pielou 指数（E）的整体变化趋势一致，随海拔变化呈二次多项式函数变化，即中间高、两边低的单峰变化格局（图 7–1），其中 H' 的拟合度最高（$R^2=0.611$，$P < 0.01$），其次是 H（$R^2=0.575$，$P < 0.01$）、E（$R^2=0.122$，$P > 0.05$）。Pielou 指数在中海拔地区较为接近，表明中海拔地区内部环境较为均匀且具有较高的物种多样性，与 H'、H 的变化表征相一致。从多因素方差分析看（表 7–1），在不同山地的不同海拔影响下，H 均达到极显著水平（$P < 0.01$），H' 均达到显著水平（$P < 0.05$），E 均表现为不显著差异（$P > 0.05$）。整体来看，α 多样性指数随海拔的升高均呈先升后降的变化趋势，即在中海拔地区最高，且不同海拔和山地对 H'、H 影响显著，对 E 影响不显著。

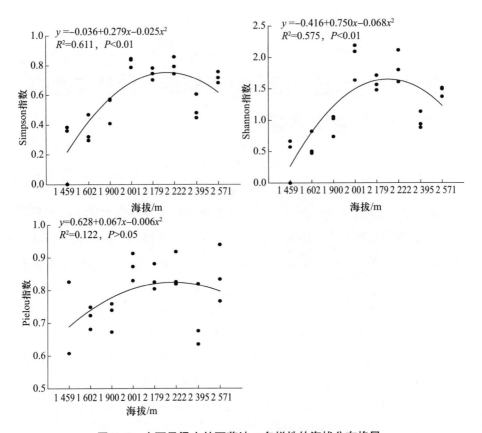

图 7-1　山西吕梁山林下草地 α 多样性的海拔分布格局

表 7-1　山西吕梁山林下草地 α 多样性在不同海拔、
山地间的多因素方差分析（P 值）

分析类型	Simpson 指数	Shannon 指数	Pielou 指数
海拔	0.02	＜ 0.001	0.16
山地	＜ 0.001	＜ 0.001	0.21
海拔 × 山地	＜ 0.001	＜ 0.001	0.08

　　在水平空间上，H'、H、E 在不同纬度梯度上有所差异，其平均值分别为 0.62、1.29、0.77，但其整体变化趋势较为一致，随着纬度的升高均呈先增后减的变化趋势，表现为中间高、两边低的单峰曲线变化格局（图 7-2），最大值均在中纬度（37°N）地区，随纬度增加以 37°N 为界表现出差异。

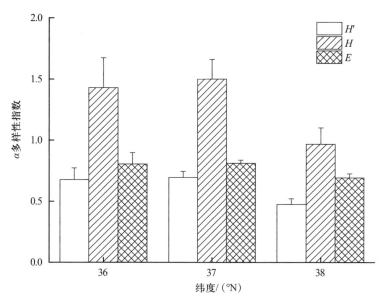

图 7-2　山西吕梁山林下草地 α 多样性的纬度分布格局

7.2　β 多样性的空间格局

在垂直空间上，吕梁山草本群落间 β 多样性随海拔变化呈不同的变化趋势，且 Cody 指数（β_C）与 Bray-Curtis 指数（β_{B-C}）在海拔梯度上呈现相反的变化特征（图 7-3）。Cody 指数随海拔升高呈先急剧升高后平稳变化趋势，最小值出现在海拔 1 400～1 500 m，在海拔 1 900～2 000 m 和 2 200～2 300 m 达到多样性最大值，且中海拔带呈平稳变化趋势；Bray-Curtis 指数随海拔的升高呈先急剧下降后平缓变化的趋势，与 β_C 指数变化相反，最大值出现在海拔 1 400～1 500 m，最小值出现在海拔 2 200～2 300 m。总体上，随海拔升高 β_C 指数呈增加趋势，β_{B-C} 指数呈下降趋势；β 多样性在 1 400～2 000 m 海拔带出现急剧变化，因此，1 900～2 000 m 海拔带是吕梁山草本植被物种组成变化的过渡地带；在 2 000～2 300 m 海拔带差异较小，即中海拔表现为相对平缓的变化，表明草本群落从低海拔到高海拔的物种更新速率加快，中海拔间群落物种变化相对较小。

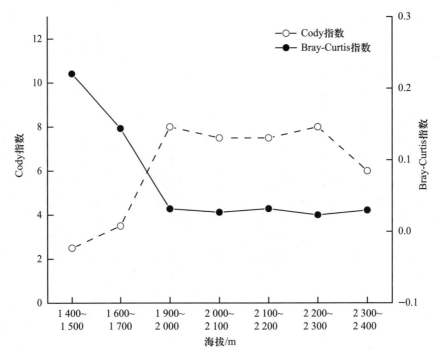

图 7-3　山西吕梁山林下草地 β 多样性随海拔梯度的变化

7.3　γ 多样性的空间格局

吕梁山草本群落的 γ 多样性在不同空间上的变化特征具有高度一致性（图 7-4）。在水平空间上，随着纬度的升高总物种丰富度呈先增大后减小的单峰分布格局，在 37°—38°N 纬度带出现峰值为 24；在垂直空间上，随着海拔的升高呈二次多项式函数变化（$R^2=0.49$，$P < 0.05$），表现为先增大后减小的单峰曲线变化格局，在 2 000 ～ 2 100 m 海拔带出现峰值为 18。总物种丰富度在纬度和海拔梯度上的变化范围分别是 18 ～ 24 和 3 ～ 18，平均值分别为 19.5 和 8.5，表明草本群落的物种在不同空间上分布不均，整体上在水平空间高于垂直空间，中海拔带明显高于低、高海拔带。因此，吕梁山草本植物群落的 γ 多样性在空间上表现为先升后降的单峰格局，中部梯度带明显高于低、高梯度带。

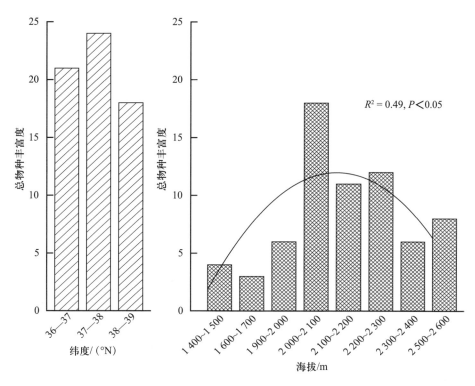

图 7-4　山西吕梁山林下草地 γ 多样性的空间格局变化

　　由此可见，α 多样性指数随海拔、纬度升高均呈先增后减的单峰格局，在中海拔和中纬度地区为峰值；β 多样性中 Cody 指数与 Bray-Curtis 指数在 1 400～2 000 m 海拔带上均出现剧烈变化，在 2 000～2 300 m 海拔带上平稳变化，表明 1 900～2 000 m 海拔带是草本群落物种组成变化的过渡地带，草本群落从低海拔到高海拔的物种更新速率加快，中海拔间群落物种变化相对较小；γ 多样性随纬度、海拔（R^2=0.49，$P < 0.05$）呈先增大后减小的单峰格局，其中水平空间略大于垂直空间。因此，吕梁山草本植被物种多样性在空间上表现出中间高、两头低的单峰格局。

第8章 山西吕梁山林下草地生物量的空间格局

从群落水平调查吕梁山草本群落植被的地上生物量，分析得到草本植物群落地上生物量在垂直方向和水平方向的空间分布格局；再通过分析吕梁山草本植被地上生物量与物种多样性的关系，进一步探究吕梁山草本植被生物量对草本植物群落结构和功能的作用。为保护试验样地内的植被自然生长状态，试验样地内的地上生物量获取采用间接推导法。具体操作为：在植被生长季共采集到267个临时性样方的地上生物量样品，通过建立草本植被的地上生物量与物种高度、盖度、物种数的多元回归模型，间接推导出试验样地中植被的地上生物量。该回归模型为：$AB=1.983H+15.929C+3.285S-4.033$（$R^2=0.309$，$P < 0.001$，$n=267$），式中 H 为高度（cm）、C 为盖度、S 为物种数、AB 为地上生物量（g/m^2）。

8.1 地上生物量的空间格局

吕梁山草本植被地上生物量的数据离散程度较小（表8-1），地上生物量的变化范围为 24.52 ～ 75.79 g/m^2，平均值为 40.79 g/m^2，变异系数为0.31，表明不同海拔梯度的草本植被地上生物量的差别较小。草本植被地上生物量空间格局特征较为一致，均呈先升高后降低的变化特征（图8-1）。在垂直方向上，地上生物量随海拔升高呈先升后降的单峰变化，整体上略微增加（$P > 0.05$），在 2 000 ～ 2 100 m 海拔处出现最大值，分别为50.88 g/m^2、50.47 g/m^2，在 1 600 ～ 1 700 m 海拔处出现最小值（30.21 g/m^2）；地上生物量从海拔 1 600 ～ 1 700 m 到 2 000 ～ 2 100 m 表现为明显增加趋势，从海拔 2 000 ～ 2 100 m 到 2 300 ～ 2 400 m 呈明显减小趋势，地上生物量表现为中海拔高值，低、高海拔低值的分布格局。在纬度梯度上，地上生物量随纬度升高呈先升后降的变化趋势，最大值（46.83 g/m^2）出现在 37°—38°N 处，最小值（32.52 g/m^2）出现在 38°—39°N 处，地上生物量呈现中纬度高，低、高纬度低的分布格局。

表 8-1 山西吕梁山林下草地不同海拔梯度的地上生物量

海拔 /m	海拔梯度 /m	盖度 / (％)	物种数	地上生物量 / (g/m²)
1 459	1 400 ～ 1 500	9.5	4	34.82 ± 16.37
1 602	1 600 ～ 1 700	11.1	3	30.21 ± 6.67
1 900	1 900 ～ 2 000	40.6	6	39.15 ± 8.33
2 001	2 000 ～ 2 100	50.6	18	50.88 ± 15.52
2 179	2 100 ～ 2 200	59.3	11	50.47 ± 21.94
2 222	2 200 ～ 2 300	33.3	12	45.95 ± 11.71
2 395	2 300 ～ 2 400	31.3	6	34.09 ± 3.64
2 571	2 500 ～ 2 600	57.9	8	40.82 ± 8.09
最大值	最小值	平均值	中值	变异系数
75.79	24.52	40.79	37.38	0.31

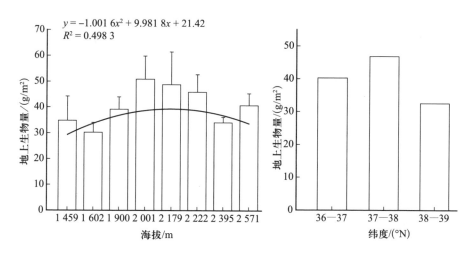

图 8-1 山西吕梁山林下草地地上生物量随海拔、纬度的变化

8.2 地上生物量与物种多样性的关系

对吕梁山草地植物的 α 多样性指数（Simpson 指数、Shannon 指数、Pielou 指数）与地上生物量进行两两回归分析（图 8-2），Simpson 指数、Shannon 指数、Pielou 指数与地上生物量均呈显著的正线性相关关系（$P < 0.05$），随着 α 多样性指数的增大，地上生物量呈增加趋势。其中 Simpson 指数和 Shannon 指数与地上生物量的正相关性均为极显著（$P < 0.01$），Pielou 指数与地上生物量的关系为显著正相关（$P < 0.05$）。这表明，吕梁山草本群落物种多样性对其地上生物量具有显著影响，草本群落的物种组成、丰富程度会直接影响其群落的生产力水平。

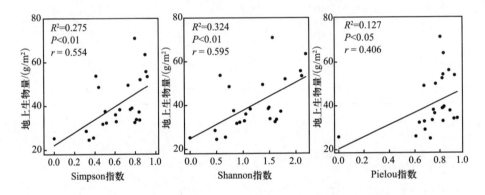

图 8-2 山西吕梁山林下草地地上生物量与 α 多样性指数的关系

由此而知，通过对地上生物量的空间变化分析，得到草本植被地上生物量的垂直和水平空间的分布格局。地上生物量的分布在空间上数值变异较小，空间分布较为均匀。在垂直空间上，随着海拔的升高，呈现中海拔高、低、高海拔低的单峰格局，整体上有略微增加趋势；在水平空间上，随着纬度的增加，地上生物量表现出中纬度高、低、高纬度低的单峰格局。整体上呈现中海拔、中纬度地区地上生物量较高的空间格局。在地上生物量与物种多样性的关系中，随着 α 多样性指数的升高地上生物量表现为显著增加，表明吕梁山草本群落物种多样性对其生产力水平影响显著，草本群落的物种组成、丰富程度对其群落的生产力水平和群落稳定性有重要作用。

第9章 山西吕梁山林下草地物种多样性、地上生物量与环境因子的关系

将野外实地测量的温度、湿度、海拔、纬度等地理环境数据与草本群落物种多样性和地上生物量等植被数据进行综合分析，得到草本群落植被物种多样性、地上生物量与环境因子之间的关系，以此探究吕梁山林下草地植物群落结构特征与环境因子的关系。

9.1 物种多样性与环境因子的关系

通过对 α 多样性指数（Simpson 指数、Shannon 指数、Pielou 指数）与环境因子（空气温度–湿度、土壤温度–湿度）进行两两线性回归分析，得出吕梁山草本群落的 Simpson 指数、Shannon 指数、Pielou 指数与空气–土壤温度均呈负相关关系（图 9-1），即随着温度的升高物种多样性呈减少趋势，其中 Simpson 指数、Shannon 指数、Pielou 指数与空气温度均呈极显著负相关关系（$P < 0.01$），Simpson 指数、Shannon 指数与土壤温度均呈显著负相关关系（$P < 0.05$），Pielou 指数与土壤温度的负相关关系不显著（$P > 0.05$）。

Simpson 指数、Shannon 指数、Pielou 指数与空气–土壤湿度均呈正线性相关关系（图 9-2），即随着湿度的升高物种多样性呈增加趋势。其中，Simpson 指数、Shannon 指数、Pielou 指数与空气湿度均呈极显著负相关关系（$P < 0.01$），Simpson 指数、Shannon 指数与土壤湿度均呈显著负相关关系（$P < 0.05$），Pielou 指数与土壤湿度的负相关关系不显著（$P > 0.05$）。

整体而言，环境因子的变化对 Simpson 指数和 Shannon 指数均产生显著影响，但对 Pielou 指数的影响并不显著，表明水热环境的变化对吕梁山草本群落的物种数量和异质性有显著影响，对草本群落内物种均匀程度的作用较小。空气温度–湿度对物种多样性有显著的影响，可以推测空气因子

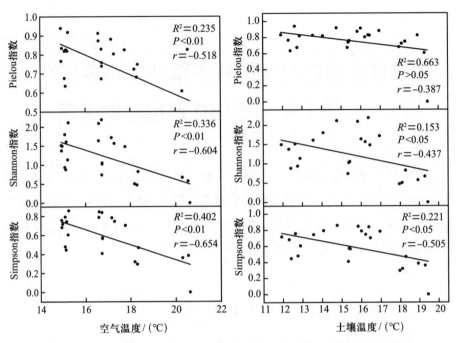

图 9-1 山西吕梁山林下草地物种多样性指数与空气 – 土壤温度的关系

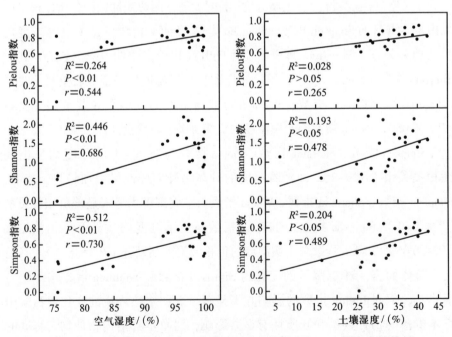

图 9-2 山西吕梁山林下草地物种多样性指数与空气 – 土壤湿度的关系

的剧烈变化可能会引起草本群落中物种组成和空间结构的变化。

9.2　地上生物量与环境因子的关系

通过将地上生物量与环境因子（空气温度–湿度、土壤温度–湿度）进行两两线性回归分析（图 9-3），地上生物量与空气–土壤温度均呈负相关关系但不显著（$P > 0.05$），即随着温度升高地上生物量呈减少趋势；地上生物量与空气–土壤湿度均呈正相关关系但不显著（$P > 0.05$），即随着湿度升高地上生物量呈增加趋势。从相关系数的绝对值来看，湿度（平均为 0.255）对地上生物量的影响相较于温度（平均为 0.145）的影响作用更大。结果表明，在自然环境中温度与湿度的共同作用对地上生物量产生影响，水分因子可能是植物群落生产力水平高低的关键因素，环境因子的变化对吕梁山草本植被地上生物量影响较小，适宜的热量和降水对植物生长至关重要。

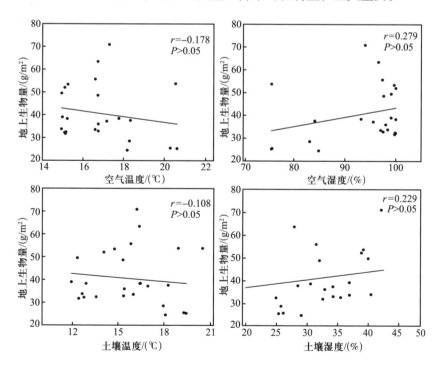

图 9-3　山西吕梁山林下草地地上生物量与环境因子的关系

　　由此可见，环境因子对草本植被物种多样性具有明显影响。空气温度-湿度对 α 多样性的影响均为极显著（$P < 0.01$），土壤温度-湿度的变化对 Simpson 指数、Shannon 指数的影响显著（$P < 0.05$），对 Pielou 指数的影响不显著（$P > 0.05$）。α 多样性与温度均呈负相关关系，与湿度均呈正相关关系。整体而言，水热环境的变化对吕梁山草本植被的群落结构和异质性产生影响，空气因子的剧烈变化可能会引起群落中的物种组成、均匀程度、空间分布的变化。在地上生物量与环境因子关系中，环境因子的变化对草本植物地上生物量的影响均不显著（$P > 0.05$），随温度升高地上生物量呈减少趋势，随湿度升高地上生物量呈增加趋势，适宜的热量和降水对植物生长至关重要。因此，草本植物的生长环境对其物种多样性、生产力水平、群落稳定性极其重要，水热环境的变化会直接影响到植物群落物种丰富度和生产力水平的高低。

第10章 山西吕梁山林下草地水热因子
对模拟增温的响应

开顶式生长室是国际冻原计划模拟增温效应对植被影响的方法，其增温机理可描述为：由于温室的阻挡作用，室内风速降低，空气湍流减弱，使热量不易散失，起到了聚热作用，加之温室建构材料对太阳辐射中红外线穿透的能力较好，提高了温室内的温度。众多学者对各草地类型的研究结果表明，开顶式生长室可提高室内空气温度，且增温箱高度与增温幅度呈正相关关系。本研究采用开顶式生长室作为增温装置，于2016年在吕梁山布设了模拟增温试验样地，已获得连续3年（2017年、2018年、2019年）的试验数据。

10.1 空气温湿度对模拟增温的响应

在低度增温和高度增温处理下，五鹿山空气温度分别增加0.31℃和1.40℃，关帝山空气温度分别增加0.13℃和0.44℃，管涔山空气温度分别增加0.26℃和0.31℃（图10-1）。2017—2019年，五鹿山空气温度的增幅随时间增大，最大增幅在低度增温和高度增温处理下分别为0.62℃和1.69℃；关帝山空气温度的增幅随时间减小，最大增幅在低度增温和高度增温处理下分别为0.47℃和0.92℃；管涔山空气温度的增幅随时间减小，最大增幅在低度增温和高度增温处理下分别为0.40℃和0.64℃。简言之，3个山地的空气温度在不同处理下显著增加（$P < 0.001$），空气温度增幅在低度增温和高度增温处理下平均为0.23℃和0.69℃；不同处理下空气温度增幅随纬度增加呈减小趋势（$P = 0.994$），但随海拔升高显著增大（$P < 0.001$）（表10-1）。

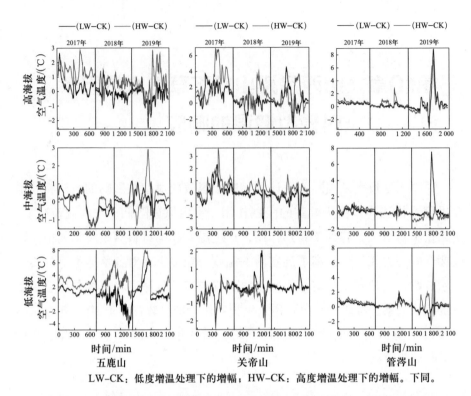

LW-CK：低度增温处理下的增幅；HW-CK：高度增温处理下的增幅。下同。

图 10-1　山西吕梁山林下草地空气温度在不同山地海拔梯度处随时间的变化

在低度增温和高度增温处理下，关帝山空气湿度分别增加 1.74% 和 3.81%，管涔山空气湿度分别增加 0.27% 和 2.85%，而五鹿山空气湿度在低度增温处理下增加 1.16%，在高度增温处理下减小 0.26%（图 10-2）。2017—2019 年，五鹿山空气湿度的增幅随时间先增大后减小，最大增幅在低度增温和高度增温处理下分别为 2.33% 和 1.24%；关帝山空气湿度的增幅随时间呈线性减小趋势，最大增幅在低度增温和高度增温处理下分别为 3.18% 和 5.36%；管涔山空气湿度的增幅随时间呈线性增大趋势，最大增幅在低度增温和高度增温处理下分别为 0.61% 和 7.69%。因此，空气湿度在不同处理下具有增加趋势（$P=0.715$），增幅在低度增温和高度增温处理下分别为 1.05% 和 2.22%；不同处理下空气湿度的增幅随纬度增加（$P=0.983$）和海拔升高（$P=0.981$）均呈先增大后减小趋势（表 10-1）。

表10-1 山西吕梁山林下草地温度、湿度、植被在不同山地、海拔、处理下的多因素方差分析

	空气温度	空气湿度	土壤温度	土壤湿度	高度	频度	盖度	密度	丰富度指数	Simpson指数	Pielou指数	禾草重要值	莎草重要值	杂草重要值
纬度	60.18 (0.000)	19.81 (0.000)	256.13 (0.000)	90.88 (0.000)	42.72 (0.000)	5.89 (0.005)	5.14 (0.009)	8.73 (0.001)	50.64 (0.000)	272.08 (0.000)	65.55 (0.000)	4.85 (0.012)	36.32 (0.000)	40.51 (0.000)
海拔	20.42 (0.000)	21.55 (0.000)	9.51 (0.000)	11.05 (0.000)	8.56 (0.001)	32.21 (0.000)	11.88 (0.000)	25.01 (0.000)	21.30 (0.000)	92.89 (0.000)	37.66 (0.000)	4.96 (0.011)	65.60 (0.000)	70.52 (0.000)
处理	10.26 (0.000)	0.34 (0.715)	3.88 (0.015)	0.51 (0.602)	11.14 (0.000)	0.95 (0.392)	5.12 (0.009)	2.01 (0.145)	3.50 (0.038)	4.59 (0.015)	0.18 (0.837)	0.36 (0.696)	0.79 (0.459)	1.92 (0.157)
海拔×纬度	21.60 (0.000)	11.35 (0.000)	9.08 (0.000)	2.75 (0.038)	20.18 (0.000)	21.66 (0.000)	7.05 (0.000)	25.29 (0.000)	45.46 (0.000)	246.99 (0.000)	99.28 (0.000)	1.40 (0.248)	105.34 (0.000)	149.47 (0.000)
处理×纬度	0.06 (0.994)	0.10 (0.983)	6.14 (0.000)	0.40 (0.808)	1.86 (0.133)	2.12 (0.092)	2.06 (0.100)	0.96 (0.440)	1.78 (0.148)	4.01 (0.007)	2.13 (0.092)	1.87 (0.131)	1.15 (0.343)	1.13 (0.352)
处理×海拔	6.14 (0.000)	0.10 (0.981)	0.05 (0.995)	0.59 (0.671)	1.51 (0.213)	3.37 (0.016)	1.73 (0.158)	2.23 (0.079)	0.52 (0.721)	2.66 (0.043)	2.33 (0.069)	1.27 (0.293)	1.45 (0.230)	0.83 (0.514)
处理×海拔×纬度	5.07 (0.000)	0.05 (1.000)	5.09 (0.000)	0.34 (0.949)	2.04 (0.059)	1.59 (0.153)	1.23 (0.301)	1.26 (0.287)	1.49 (0.185)	2.64 (0.017)	2.14 (0.092)	0.66 (0.722)	1.42 (0.211)	0.78 (0.626)

注: 括号外的数字为检验统计量 F 值; 括号内的数字为显著性水平 P 值。

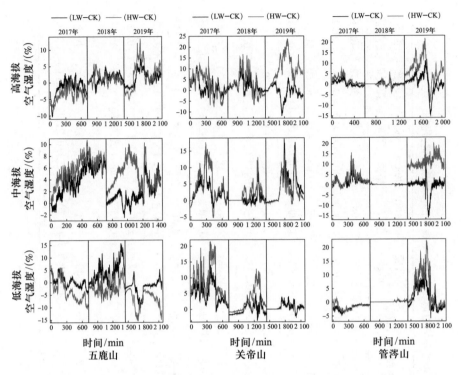

图 10-2　山西吕梁山林下草地空气湿度在不同山地海拔梯度处随时间的变化

10.2　土壤温湿度对模拟增温的响应

在低度增温和高度增温处理下，五鹿山土壤温度分别增加 0.01 ℃和 0.46 ℃，增幅随土壤深度（0 ～ 50 cm）增加呈减小趋势；关帝山土壤温度分别减小 0.15 ℃和 0.31 ℃，减幅随土壤深度增加而增大；管涔山土壤温度分别减小 0.03 ℃和 0.08 ℃，减幅随土壤深度增加趋于减小（图 10-3）。2017—2019 年，五鹿山土壤温度减幅随时间呈增大趋势，关帝山土壤温度减幅随时间先增大后减小（最大减幅在低度增温和高度增温处理下分别为 0.26 ℃和 0.87 ℃），管涔山土壤温度减幅随时间先增大后减小（最大减幅在低度增温和高度增温处理下分别为 0.06 ℃和 0.19 ℃）。总之，土壤温度在不同处理下具有不一致的显著变化，即在低度增温处理下减少 0.06 ℃，在高度增温处理下增加 0.02 ℃（$P=0.015$），但是，不同处理下土壤温度的增幅随纬度增加显著减小（$P < 0.001$），随海拔升高趋于减小（$P=0.995$）（表 10-1）。

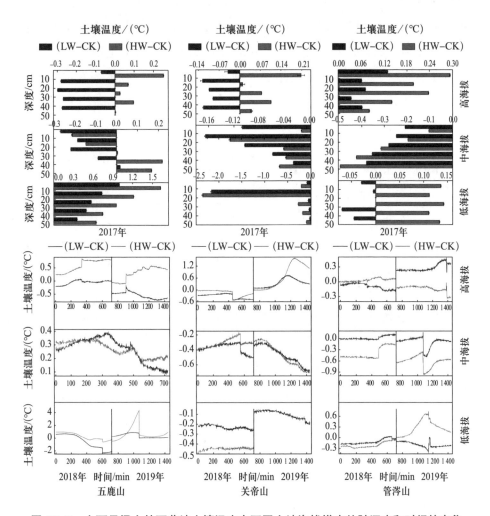

图 10-3 山西吕梁山林下草地土壤温度在不同山地海拔梯度处随深度和时间的变化

　　在低度增温和高度增温处理下，五鹿山土壤水分分别减少 0.44% 和 3.38%，增幅随土壤深度（0～50 cm）增加呈减小趋势；关帝山土壤水分在低度增温处理下减少 0.80%，在高度增温处理下增加 0.54%，增幅随土壤深度增加呈增大趋势；管涔山土壤水分分别减少 0.36% 和 1.78%，增幅随土壤深度增加呈减小趋势（图 10-4）。2017—2019 年，五鹿山和管涔山土壤水分的减幅在不同处理下随时间均趋于增大，这两座山土壤水分的最大减幅分别为 8.49% 和 4.44%；不同处理下关帝山土壤水分的增幅随时间呈先增大后减小趋势，土壤水分的最大增幅为 3.10%。总体而言，土壤水分在不同处理下趋于减小（P=0.602），减幅在低度增温和高度增温处理下分别为 0.49% 和 1.73%。另外，在低度增温处理下土壤水分的增幅随纬度增加趋于减小，在高度增温处理下土壤水分的增幅随纬度增加趋于增大（P=0.808），在所有处理下土壤水分的增幅随海拔升高均趋于增大（P=0.671）（表 10-1）。

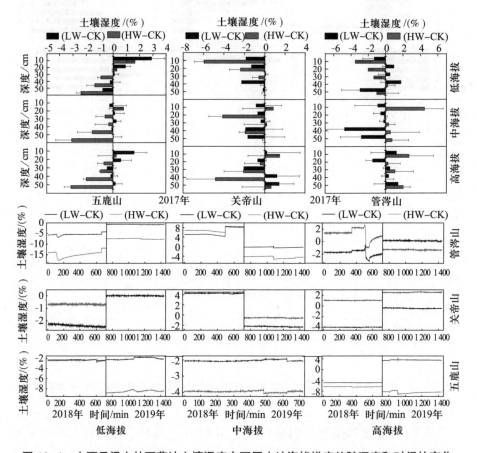

图 10-4　山西吕梁山林下草地土壤湿度在不同山地海拔梯度处随深度和时间的变化

由此可见，温度对增温响应更为迅速，其中空气温度随海拔变化更为剧烈，土壤温度随纬度变化更为剧烈，但是，由降雨引起的土壤湿度的突然增加影响了增温对土壤温度的效应。研究表明，降雨减弱了增温对空气湿度和土壤湿度的效应。

第11章 山西吕梁山林下草地植被生长特征对模拟增温的响应

温度控制着生态系统中许多生物化学反应速率，且几乎影响所有生物学过程。温度升高在一定程度上满足了植物对热量的需求，但也改变了植物群落的小气候环境，从而通过多种途径影响植物的生长发育。植物生长是对气候变化敏感且易观测的指标，植物生长的变化直接影响生态系统碳收支。在气候变暖背景下，高山地区植物的生长都会随之发生改变，从而对陆地植物光合器官、支持器官和凋落物碳库产生影响。然而，植被和生态系统对增温的响应在短期与长期尺度上存有差异。由于生态系统不同组分和过程对温度的敏感性不同，短期增温很难正确得出生态系统响应与适应全球变暖的结论；植物或植物群落对于长期的资源反馈、生长和竞争等效应有着滞后反应，长期的增温反应可能被水分或养分等环境条件所限制，这就使得植物或植物群落对增温的长期与短期响应不同。

11.1 植物密度、频度、盖度、高度对模拟增温的响应

在低度增温和高度增温处理下，五鹿山植物密度分别增加 60.66 株 /m^2 和 72.07 株 /m^2，管涔山植物密度分别增加 2.91 株 /m^2 和 30.98 株 /m^2，但关帝山植物密度在低度增温处理下减少 24.96 株 /m^2，在高度增温处理下增加 3.19 株 /m^2（图 11–1）。2017—2019 年，五鹿山植物密度的增幅在低度增温处理下随年份趋于减小，在高度增温处理下随年份趋于增大，所有处理下植物密度的最大增幅为 123.94 株 /m^2。2017—2019 年关帝山和管涔山植物密度的增幅在不同处理下均趋于减小，这两个山地植物密度的最大增幅分别为 49.74 株 /m^2 和 144.40 株 /m^2。因此，植物密度在不同处理下趋于增加（$P=0.145$），增幅在低度增温和高度增温处理下分别为 11.03 株 /m^2 和

34.00 株 /m²。另外，植物密度的增幅随纬度增加在低度增温处理下趋于减小，在高度增温处理下趋于增大（$P=0.440$），但不同处理下植物密度的增幅随海拔升高均趋于增大（$P=0.079$）（表 10-1）。

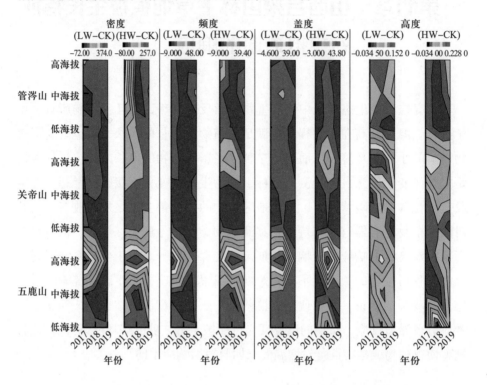

图 11-1　山西吕梁山林下草地植物生长指标在不同山地随海拔的变化

五鹿山植物频度在低度增温和高度增温处理下分别增加 7.46% 和 11.03%，关帝山植物频度在低度增温和高度增温处理下分别减少 3.54% 和 0.83%，管涔山植物频度在低度增温和高度增温处理下分别减少 2.28% 和 1.95%（图 11-1）。2017—2019 年，五鹿山植物频度的增幅在低度增温处理下随年份减小，在高度增温处理下随年份增大；关帝山和管涔山植物频度的增幅在所有处理下均随年份减小。这表明植物频度在不同处理下趋于增加（$P=0.392$），增幅在低度增温和高度增温处理下分别为 0.28% 和 2.43%。另外，植物频度的增幅随纬度增加呈减小趋势（$P=0.092$），但随海拔升高显著增大（$P=0.016$）（表 10-1）。

五鹿山植物盖度在低度增温和高度增温处理下分别增加 11.46% 和

12.07%，关帝山植物盖度在低度增温和高度增温处理下分别增加0.89%和3.12%，管涔山植物盖度在低度增温和高度增温处理下分别增加1.49%和1.29%（图11-1）。2017—2019年，不同处理下所有山地植物盖度的增幅随年份均先增大后减小；低度增温和高度增温处理下植物盖度的最大增幅在五鹿山分别为15.37%和23.99%，在关帝山分别为2.85%和8.46%，在管涔山分别为3.46%和5.11%。因此，植物盖度在不同处理间显著增加（P=0.009），增幅在低度增温和高度增温处理下分别为4.35%和5.24%。另外，不同处理下植物盖度的增幅随纬度增加呈减小趋势（P=0.100），随海拔升高呈增大趋势（P=0.158）（表10-1）。

在低度增温和高度增温处理下，五鹿山植物高度分别增加5.29 cm和4.91 cm，关帝山植物高度分别增加5.63 cm和6.71 cm，管涔山植物高度分别增加0.98 cm和1.19 cm（图11-1）。2017—2019年，五鹿山植物高度的增幅在低度增温处理下减小，在高度增温处理下增大；关帝山植物高度的增幅在不同处理下均是先增大后减小，植物高度最大增幅在低度增温和高度增温处理下分别为7.38 cm和8.88 cm；管涔山植物高度的减幅在不同处理下先增大后减小，植物高度最大减幅在低度增温和高度增温处理下分别为0.41 cm和1.87 cm。因此，植物高度在不同处理下显著增加（P < 0.001），增幅在低度增温和高度增温处理下分别为3.91 cm和4.24 cm。另外，植物高度的增幅随纬度增加在低度增温处理下呈减小趋势，在高度增温处理下呈增大趋势（P=0.133）；随海拔升高在不同处理下均呈增大趋势（P=0.213）（表10-1）。

11.2　植物物种多样性对模拟增温的响应

五鹿山植物丰富度指数在低度增温处理下增加0.03，在高度增温处理下减小2.15；关帝山植物丰富度指数在低度增温处理下增加1.11，在高度增温处理下减小1.28；管涔山植物丰富度指数在低度增温和高度增温处理下分别增加1.44和1.33（图11-2）。2017—2019年，五鹿山、关帝山、管涔山植物丰富度指数的增幅在不同处理下随年份均增大。在管涔山，植物丰富度指数的最大增幅为2.67；在五鹿山和关帝山，植物丰富度指数的最大减幅分别为3.67和2.67。这表明植物丰富度指数对增温响应敏感

（ *P*=0.038 ），在低度增温处理下增加 0.86，在高度增温处理下减少 0.70。另外，植物丰富度指数的增幅在不同处理下随纬度增加（ *P*=0.148 ）和海拔升高（ *P*=0.721 ）均趋于增大（表 10–1 ）。

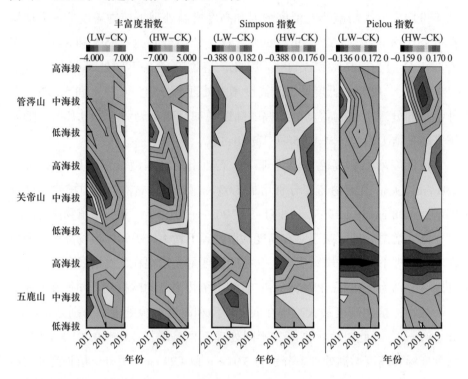

图 11–2　山西吕梁山林下草地植物物种多样性在不同山地随海拔的变化

在低度增温和高度增温处理下，五鹿山植物 Simpson 指数分别减小 0.04 和 0.11，关帝山植物 Simpson 指数分别增加 0.03 和 0.02，管涔山植物 Simpson 指数分别增加 0.04 和 0（图 11–2 ）。2017—2019 年，不同处理下五鹿山和关帝山植物 Simpson 指数的增幅随年份呈增大趋势；不同处理下管涔山植物 Simpson 指数的增幅随年份呈减小趋势。五鹿山植物 Simpson 指数的最大减幅在低度增温和高度增温处理下分别为 0.11 和 0.18，关帝山植物 Simpson 指数的最大增幅在低度增温和高度增温处理下分别为 0.08 和 0.09，管涔山植物 Simpson 指数的最大增幅在低度增温和高度增温处理下分别为 0.08 和 0.06。因此，植物 Simpson 指数对增温响应敏感（ *P*=0.015 ），在低度增温处理下增加 0.01，在高度增温处理下减少 0.03。随着纬度增加

（P=0.007）和海拔升高（P=0.043），不同处理下植物 Simpson 指数均显著增大（表 10-1）。

五鹿山植物 Pielou 指数在低度增温和高度增温处理下变化不明显；关帝山植物 Pielou 指数在低度增温和高度增温处理下分别增加 0.03 和 0.04；管涔山植物 Pielou 指数在低度增温处理下增加 0.03，在高度增温处理下减少 0.01（图 11-2）。2017—2019 年，五鹿山植物 Pielou 指数的增幅在低度增温处理下随年份呈减小趋势，在高度增温处理下随年份呈增大趋势；关帝山和管涔山植物 Pielou 指数的增幅在低度增温处理下呈增大趋势，在高度增温处理下呈减小趋势。这说明植物 Pielou 指数对增温响应不敏感（P=0.837），在低度增温和高度增温处理下分别增加 0.02 和 0.01。随着纬度增加（P=0.092）和海拔升高（P=0.069），植物 Pielou 指数的增幅在低度增温处理下呈增大趋势，在高度增温处理下呈先增大后减小趋势（表 10-1）。

11.3　植物功能型对模拟增温的响应

五鹿山禾草重要值在低度增温和高度增温处理下分别减少 1.73% 和 4.14%；关帝山禾草重要值在低度增温处理下减少 0.98%，在高度增温处理下增加 6.20%；管涔山禾草重要值在低度增温和高度增温处理下分别增加 0.83% 和 0.19%（图 11-3）。2017—2019 年，五鹿山禾草重要值的增幅在低度增温处理下随年份增大，在高度增温处理下随年份减小；关帝山禾草重要值的增幅在低度增温处理下随年份先增大后减小，在高度增温处理下随年份减小；管涔山禾草重要值的增幅在低度增温和高度增温处理下随年份均增大。但是，禾草重要值对增温响应不敏感（P=0.696），在低度增温处理下呈减少趋势，在高度增温处理下呈增加趋势，变化幅度分别为 0.58% 和 0.94%。禾草重要值的增幅随纬度增加（P=0.131）和海拔升高（P=0.293）均呈增大趋势（表 10-1）。

五鹿山莎草重要值在低度增温和高度增温处理下分别增加 0.11% 和 0.97%；关帝山莎草重要值在低度增温和高度增温处理下分别减少 3.52% 和 2.84%；管涔山莎草重要值在低度增温和高度增温处理下分别减少 3.80% 和 0.10%（图 11-3）。2017—2019 年，五鹿山和关帝山莎草重要值的增幅在不同处理下随年份均减小；管涔山莎草重要值的增幅在不同处理下随年份先增大后减小。这表明莎草重要值在增温处理下呈减少趋势（$P=0.459$），减幅在低度增温和高度增温处理下分别为 2.50% 和 0.72%。随着纬度增加（$P=0.343$）和海拔升高（$P=0.230$），莎草重要值的增幅在不同处理下呈减小趋势（表 10-1）。

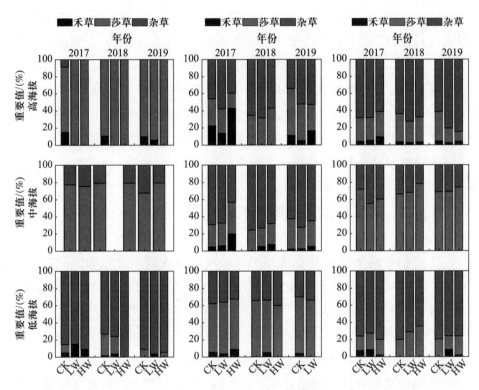

图 11-3　山西吕梁山林下草地不同植物功能型重要值在不同山地随海拔的变化

在低度增温和高度增温处理下，五鹿山杂草重要值分别增加 1.62% 和 3.17%；关帝山杂草重要值在低度增温处理下增加 4.50%，在高度增温处理下减少 2.92%；管涔山杂草重要值在低度增温处理下增加 2.97%，在高度增温处理下减少 0.08%（图 11-3）。2017—2019 年，五鹿山和关帝山杂草重要值的增幅在不同处理下随年份呈增大趋势；管涔山杂草重要值的增幅在不同处理下随年份呈先减小后增大的变化趋势。总体而言，杂草重要值对增温的响应不敏感（$P=0.157$），在低度增温处理下呈增加趋势，在高度增温处理下呈减少趋势，变化幅度分别为 3.08% 和 0.06%。随纬度增加（$P=0.352$）和海拔升高（$P=0.514$），杂草重要值的增幅在低度增温处理下呈增加趋势，在高度增温处理下呈减少趋势（表 10–1）。

综上可知，增温对植物高度和盖度产生正效应，其响应程度具有海拔依赖性。植物丰富度和 Simpson 指数对不同增温幅度响应不同，其响应程度随纬度、海拔增加而增强，但是增温对禾草、莎草、杂草影响不显著。

第12章 山西吕梁山林下草地植被生长特征 与水热因子关系对模拟增温的响应

开顶式生长室限制了水平方向的空气流动，一定程度地降低了垂直方向的对流过程，室内空气湍流作用减弱，加之太阳辐射很容易透过玻璃纤维，导致温室内的温度升高。在温度升高下，植物蒸腾作用增强，植物生理过程发生改变，同时温室内的季节冻土层发生消融与融冻等过程，以及土壤的其他物理条件发生改变，必然对植物的生长产生影响。研究发现，受全球变暖影响，动植物的体型普遍在"缩水"，全球平均气温每上升1℃，植物体型可能缩小3%~17%。由温度升高引起的植物早衰现象降低了植物蒸腾速率，在一定程度上间接增加了土壤湿度。气候变暖引起的干旱胁迫通过改变群落组成物种（优势种）的丰富度和稳定性，直接影响整个植被群落的稳定性。增温可通过改变土壤水分对群落的结构和组成产生影响，但不同生活型的物种对增温有着不同的反应。

12.1 不同增温处理下空气温湿度与植被生长特征的关系

空气温度与植物高度在对照处理下呈显著正相关关系（$R=0.460$，$P=0.018$），该关系在低度增温（$R=0.614$，$P=0.001$）和高度增温（$R=0.646$，$P<0.001$）处理下显著增强。但在高度增温处理下，空气温度与植物丰富度指数呈显著负相关关系（$R=-0.491$，$P=0.011$）（表12-1）。因此，增温增强了空气温度与植物高度的正相关关系。

空气湿度与植物高度呈显著负相关关系（$R=-0.482$，$P=0.013$），但在高度增温处理下与植物丰富度指数（$R=0.501$，$P=0.009$）和Simpson指数（$R=0.422$，$P=0.032$）均呈显著正相关关系（表12-1）。另外，空气湿度在对照处理下与杂草重要值呈显著正相关关系（$R=0.390$，$P=0.049$）。因此，高度增温增强了空气湿度与植物物种多样性的正相关关系。

12.2　不同增温处理下土壤温湿度与植被生长特征的关系

在所有处理下，土壤温度与植物高度均呈极显著关系（$P < 0.01$），低度增温和高度增温处理下相关系数的平均值（$R=0.578$）略高于对照处理（$R=0.562$）。同时，在高度增温处理下，土壤温度与植物盖度（$R=0.394$，$P=0.046$）和丰富度指数（$R=-0.402$，$P=0.042$）分别呈显著的正相关和负相关关系（表 12-1）。这表明增温促进了土壤温度与植物高度和植物盖度的正相关关系。另外，植物丰富度指数在高度增温处理下与空气-土壤温度均呈显著负相关关系，说明增温减少了植物物种数量。

在对照（$R=-0.471$，$P=0.015$）和低度增温（$R=-0.416$，$P=0.035$）处理下，土壤湿度与植物高度均呈显著负相关关系；土壤湿度在高度增温（$R=0.451$，$P=0.021$）处理下与植物丰富度指数呈显著正相关关系，在对照（$R=0.400$，$P=0.043$）、低度增温（$R=0.463$，$P=0.017$）、高度增温（$R=0.515$，$P=0.007$）处理下与植物 Simpson 指数均呈显著正相关关系（表 12-1）。这说明在增温处理下，随着土壤湿度减少，植物高度增加，物种多样性减少。

总体而言，在不同增温处理下，植被指标与温度、湿度因子的关系趋于增强（图 12-1 至图 12-3）。RDA 排序分析表明，在低度增温和高度增温处理下，排序轴的特征值总和分别增加了 0.3% 和 0.7%，排序轴的关系总和也分别增加了 46.9% 和 72.2%（表 12-2）。另外，在低度增温和高度增温处理下，植被与温度相关系数的绝对值分别减少了 1.8 % 和 0.3 %，与湿度相关系数的绝对值分别增加了 3.1% 和 1.5%（表 12-1）。植被与湿度的关系增幅大于植被与温度的关系增幅，表明植被与湿度的关系对增温响应更敏感（图 12-1）。

因此，增温增强了温度与植物高度以及湿度与植物物种多样性的正相关关系。在增温效应下，随着土壤湿度增加，植物高度减小、物种多样性增加，降雨引起的湿度增加影响了增温对植被的效应。

表 12-1　山西吕梁山林下草地不同处理下植被、温度、湿度间的相关分析

	处理	高度	频度	盖度	密度	丰富度指数	Simpson指数	Pielou指数	禾草重要值	莎草重要值	杂草重要值
空气温度	CK	0.460 (0.018)	-0.176 (0.391)	-0.161 (0.433)	0.114 (0.578)	-0.209 (0.306)	-0.325 (0.105)	-0.292 (0.148)	0.153 (0.455)	0.281 (0.164)	-0.300 (0.137)
	LW	0.614 (0.001)	0.009 (0.965)	0.130 (0.528)	0.081 (0.695)	-0.283 (0.161)	-0.326 (0.105)	-0.309 (0.142)	0.025 (0.904)	0.224 (0.272)	-0.243 (0.231)
	HW	0.646 (0.000)	0.135 (0.510)	0.378 (0.057)	-0.027 (0.895)	-0.491 (0.011)	-0.340 (0.089)	-0.038 (0.862)	0.062 (0.763)	0.080 (0.697)	-0.106 (0.605)
空气湿度	CK	-0.182 (0.375)	0.197 (0.336)	0.059 (0.775)	-0.078 (0.706)	0.284 (0.160)	0.381 (0.055)	0.372 (0.062)	-0.277 (0.171)	-0.348 (0.081)	0.390 (0.049)
	LW	-0.370 (0.063)	-0.112 (0.585)	-0.138 (0.501)	-0.148 (0.471)	0.375 (0.059)	0.367 (0.065)	0.322 (0.125)	-0.070 (0.734)	-0.300 (0.137)	0.332 (0.097)
	HW	-0.482 (0.013)	-0.275 (0.173)	-0.336 (0.093)	-0.232 (0.254)	0.501 (0.009)	0.422 (0.032)	0.094 (0.669)	-0.009 (0.966)	-0.110 (0.594)	0.125 (0.544)
土壤温度	CK	0.562 (0.003)	-0.320 (0.111)	-0.339 (0.090)	0.002 (0.993)	-0.057 (0.782)	-0.205 (0.314)	-0.172 (0.402)	0.039 (0.848)	0.059 (0.776)	-0.064 (0.756)
	LW	0.595 (0.001)	-0.020 (0.924)	0.158 (0.441)	0.073 (0.722)	-0.176 (0.390)	-0.244 (0.230)	-0.167 (0.434)	0.105 (0.610)	0.063 (0.759)	-0.084 (0.684)

续表

	处理	高度	频度	盖度	密度	丰富度指数	Simpson指数	Pielou指数	禾草重要值	莎草重要值	杂草重要值
	HW	0.560 (0.003)	0.105 (0.610)	0.394 (0.046)	-0.017 (0.936)	-0.402 (0.042)	-0.297 (0.141)	0.017 (0.938)	-0.097 (0.636)	0.002 (0.993)	0.027 (0.896)
	CK	-0.471 (0.015)	0.209 (0.305)	0.065 (0.751)	-0.089 (0.665)	0.238 (0.242)	0.400 (0.043)	0.384 (0.053)	-0.005 (0.982)	-0.239 (0.239)	0.229 (0.261)
土壤湿度	LW	-0.416 (0.035)	-0.185 (0.365)	-0.314 (0.118)	-0.265 (0.191)	0.356 (0.074)	0.463 (0.017)	0.362 (0.083)	0.042 (0.839)	-0.287 (0.154)	0.302 (0.134)
	HW	-0.156 (0.448)	-0.155 (0.450)	-0.200 (0.327)	-0.065 (0.752)	0.451 (0.021)	0.515 (0.007)	0.288 (0.183)	0.342 (0.087)	-0.260 (0.200)	0.172 (0.400)

注：CK 为对照处理，LW 为低度增温处理，HW 为高度增温处理；括号外数据为相关系数，括号内数据为显著性水平。

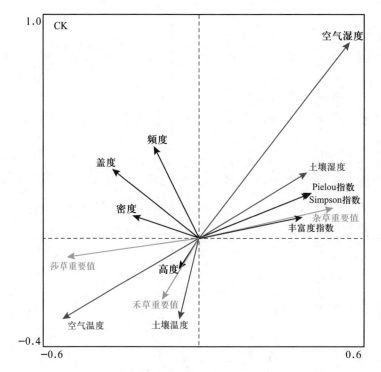

图 12-1　山西吕梁山林下草地不同处理下温度、湿度、
植被之间关系的 RDA 排序分析（对照处理）

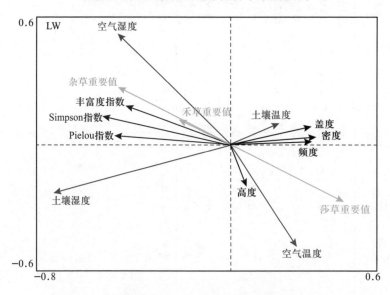

图 12-2　山西吕梁山林下草地不同处理下温度、湿度、
植被之间关系的 RDA 排序分析（低度增温处理）

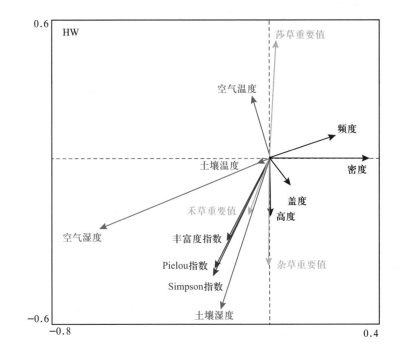

图 12-3　山西吕梁山林下草地不同处理下温度、湿度、

植被之间关系的 RDA 排序分析（高度增温处理）

表 12-2　山西吕梁山林下草地不同处理下植被、温度、湿度间的排序分析

	排序轴	1	2	3	4	合计
	CK	0.126	0.009	0.001	0.000	0.136
特征值	LW	0.133	0.006	0.000	0.000	0.139
	HW	0.123	0.017	0.002	0.001	0.143
	CK	0.396	0.246	0.227	0.128	0.997
关系	LW	0.380	0.293	0.520	0.273	1.466
	HW	0.371	0.432	0.479	0.437	1.719

注：CK 为对照处理，LW 为低度增温处理，HW 为高度增温处理。

第13章 山西亚高山草甸水热因子对模拟增温的响应

高山草甸作为一种发育在高山林线以上位置的植被类型,高大的海拔促使其对气候变暖响应敏感而迅速,其群落结构在气候变暖影响下发生着显著变化。然而,现在高山草甸响应气候变暖的研究大都集中在诸如极地、青藏高原等高纬度、高海拔地区,对于中低纬度、低海拔地区分布的亚高山草甸研究则不多。云顶山作为吕梁山的中部山脉,生境条件复杂,孕育着大面积的亚高山草甸,属于典型的中纬度、低海拔亚高山草甸。在云顶山亚高山草甸设置模拟增温试验,分析模拟增温对草甸水热因子的影响,探究中纬度、低海拔山地亚高山草甸微气候对模拟增温的响应,有助于理解全球变暖下山地气候的响应机制。

13.1 空气温湿度对模拟增温的响应

空气温度随试验时间延长呈减小趋势,随增温幅度升高而增大(图 13-1)。在不同增温处理下,空气温度差异显著($P < 0.05$),在低度增温(LW)处理下显著增加 3.57℃,在高度增温(HW)处理下显著增加 5.04℃(表 13-1)。空气湿度的变化趋势与空气温度相反,即随试验时间延长呈增加趋势,随增温幅度升高而减小(图 13-1)。空气湿度在 LW 处理下显著减小 7.36%,在 HW 处理下显著减小 5.23%($P < 0.05$)(表 13-1)。因此,增温处理增加空气温度,减小空气湿度,使云顶山亚高山草地气候呈现暖干化。

另外,在一天内的不同时刻,空气湿度在 08:40 之后呈增大趋势,同时该时刻的空气温度出现下降,对照当时的天气情况,是由于降雨所致。空气温湿度在 12:00 和 15:00 再次出现波动,是由于降雨在 12:00 突然变小,甚至暂停,而在 15:00 再次变大。这表明云顶山亚高山草地由于受海拔影响, 其气候日变化波动较大。

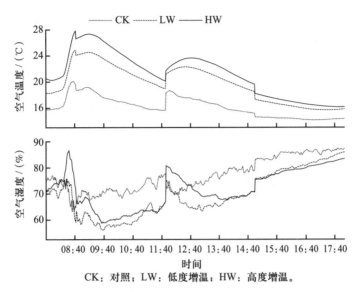

CK: 对照; LW: 低度增温; HW: 高度增温。

图 13-1　山西亚高山草甸在不同增温处理下空气温湿度的日变化

表 13-1　山西亚高山草甸在不同增温处理下的空气–土壤水热因子

水热因子	CK	LW	HW
空气温度	$16.18 \pm 0.02c$	$19.75 \pm 0.10b$	$21.22 \pm 0.04a$
空气湿度	$77.04 \pm 0.09a$	$69.68 \pm 0.19c$	$71.81 \pm 0.18b$
土壤温度	$13.38 \pm 0.54b$	$13.33 \pm 0.67b$	$13.64 \pm 0.75a$
土壤水分	$30.26 \pm 0.98a$	$30.06 \pm 1.19a$	$30.88 \pm 1.55a$

　　注: 字母相同表示方差分析结果不显著 ($P > 0.05$); 字母不同表示方差分析结果显著 ($P < 0.05$); CK: 对照, LW: 低度增温, HW: 高度增温。

13.2　土壤温湿度对模拟增温的响应

　　土壤温度随深度增加而减小 ($P < 0.001$), 随增温幅度先减小后增大 ($P=0.006$), 其变化趋势均达到极显著水平 ($P < 0.01$); 不同深度的土壤温度在不同处理下也达到显著差异 (深度 × 处理, $P=0.028$), 即增温能够显著影响 $0 \sim 50$ cm 深度范围内的土壤温度 (图 13-2 和表 13-2)。总体而言, 在 LW 处理下, 土壤温度减小 $0.05\,℃$; 在 HW 处理下, 土壤温度增加

0.26℃；在 HW 处理下的土壤温度显著高于对照和 LW 处理下的土壤温度（表 13-1）。

土壤水分随深度增加极显著减小（$P < 0.001$），增温幅度变化未达到显著差异（$P=0.285$），且不同深度的土壤水分在不同处理下的差异也未达到显著水平（$P=0.413$），表明土壤水分对增温响应不敏感（图 13-2 和表 13-2）。在不同增温处理下，土壤水分具有先减小后增加的变化趋势，即在 LW 处理下减小 0.20%，在 HW 处理下增加 0.62%（表 13-1）。

因此，云顶山亚高山草地土壤温湿度对深度响应敏感，随深度增加均显著减小；但对增温处理响应差异较大，土壤温度显著增加，土壤水分变化却不显著。

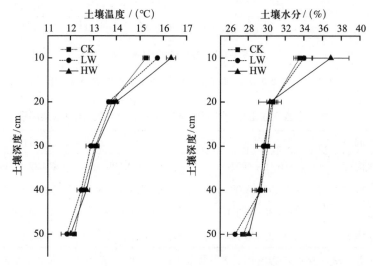

CK：对照；LW：低度增温；HW：高度增温。

图 13-2　山西亚高山草甸在不同增温处理下土壤温湿度随深度的变化趋势

表 13-2　山西亚高山草甸土壤温湿度的双因素方差分析

因素	土壤温度	土壤水分
处理	0.006	0.285
深度	0.000	0.000
深度 × 处理	0.028	0.413

第14章 山西亚高山草甸植物群落结构对模拟增温的响应

由温室气体增加引起的气候变暖已成为毋庸置疑的事实。这种全球性气候变化势必对植物形态结构和生理特征以及土壤理化性质产生影响，进而导致陆地植被–土壤系统发生改变。植被在陆地生态系统结构中占有重要地位，对气候变化响应也最为敏感。随着气候变化加剧，植被对气候的响应逐渐明显。高海拔地区是响应全球变暖最敏感的区域之一。高海拔地区升温速率及幅度均远大于低海拔地区，在极端气候事件发生频率方面也表现得更为突出。因此，高海拔地区生态系统对气候变暖的响应已成为众多科学家研究的热点。亚高山草甸作为高海拔地区较为典型的植被类型，是陆地植被中较为特殊的组成部分，属于典型的山地垂直地带性和高原地带性植被。研究气候变暖对亚高山草甸生态系统可能带来的影响及亚高山草甸群落结构对气候变暖的响应和适应问题，能够较好地反映全球变暖效应，具有理论超前性。

14.1 植被物种多样性对模拟增温的响应

Richness 指数、Simpson 指数、Shannon 指数和 Pielou 指数随增温幅度整体表现为递减趋势，其中，Richness 指数先增加后减小，但整体表现为递减趋势。除 Pielou 指数在高度增温（HW）处理下显著低于对照处理（CK）（$P < 0.05$）外，其余指数在不同处理下的差异均不显著（$P > 0.05$），这表明增温处理对物种多样性产生了一定的负面影响（图 14-1）。

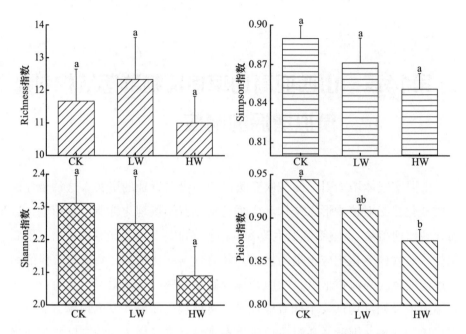

字母相同表示方差分析结果不显著（$P > 0.05$）；字母不同表示方差分析结果显著（$P < 0.05$）；

CK：对照，LW：低度增温，HW：高度增温。

图 14-1　山西亚高山草甸植被物种多样性对增温的响应

14.2　不同植物功能型对模拟增温的响应

将不同增温样地中所调查的所有物种分成杂草类、禾草类和莎草类三类植物功能型，分别测定其物种数、地上生物量和重要值（图 14-2）。在不同处理下，地上生物量达到极显著差异（$P < 0.01$），且随增温幅度递增，表明增温处理增加了地上生物量；但物种数和重要值均未达到显著性差异（$P > 0.05$），表明物种多样性对增温处理响应不敏感（表 14-1）。

在不同植物功能型间，物种数、地上生物量和重要值均达到极显著差异（$P < 0.01$），且杂草的这三个指标最高，禾草次之，莎草最低，表明草地群落中以杂草类植物为优势种（表 14-1）。

杂草、禾草、莎草的物种数在不同处理下差异不显著（$P > 0.05$），但其地上生物量和重要值在不同处理下均达到极显著差异（$P < 0.01$），表明增温处理对不同植物功能型产生了影响（表 14-1）。在低度增温（LW）处

理下，莎草的物种数、地上生物量、重要值均增加；但在高度增温（HW）处理下，已不存在莎草类植物（图14-2）。随着增温幅度的增加，杂草的地上生物量逐渐增加，但其重要值和物种数逐渐降低。禾草的物种数、重要值和地上生物量随增温幅度增加均逐渐增加。因此，增温处理促进了群落中禾草类植物的生长，抑制了杂草类植物的生长。

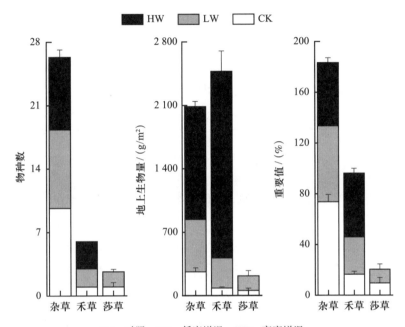

CK：对照；LW：低度增温；HW：高度增温。

图 14-2　山西亚高山草甸不同植物功能型生长特征对增温的响应

表 14-1　山西亚高山草甸植被物种数、地上生物量、
重要值的双因素方差分析

因素	变量	P 值	多重比较		
			CK	LW	HW
	物种数	＞ 0.05	a	a	a
处理	地上生物量	＜ 0.001	c	b	a
	重要值	＞ 0.05	a	a	a

续表

因素	变量	P 值	多重比较		
			杂草	禾草	莎草
植物功能型	物种数	< 0.001	a	b	b
	地上生物量	< 0.001	a	a	b
	重要值	< 0.001	a	b	c
处理 × 植物功能型	物种数	> 0.05			
	地上生物量	< 0.001			
	重要值	< 0.001			

注：字母相同表示方差分析结果不显著（$P > 0.05$）；字母不同表示方差分析结果显著（$P < 0.05$）；CK：对照，LW：低度增温，HW：高度增温。

14.3　植被生长指标与水热因子关系对模拟增温的响应

通过冗余分析进行排序（图 14-3）得到，CK 样地（第三象限）中以杂草居多，杂草的物种数和重要值与各物种多样性指数、空气湿度具有较强正相关性。在 LW 样地（第二象限），莎草为优势种，其物种数和重要值与 30～40 cm 深度土壤水分具有较强正相关性。在 HW 样地（第一象限），优势种为禾草，其物种数和重要值与地上生物量、空气温度、10 cm 深度土壤温度、0～10 cm 深度土壤水分具有较强的正相关性。禾草类植物可导致较高地上生物量，杂草类植物可导致较高物种多样性。随增温幅度的增加，群落中不同植物功能型由杂草类向禾草类转化。

通过相关分析（表 14-2）得到，空气温度（R_{AT}=−0.857，$P < 0.01$）、10 cm 深度土壤温度（R_{ST10}=−0.822，$P < 0.01$）与 Pielou 指数呈极显著负相关关系，与地上生物量呈极显著正相关关系（R_{AT}=0.823，R_{ST10}=0.818，$P < 0.01$），表明空气、浅层土壤温度能够降低物种多样性，增加生产力；与禾草物种数（R_{AT}=0.849，R_{ST10}=0.801，$P < 0.01$）、重要值（R_{AT}=0.870，R_{ST10}=0.817，$P < 0.01$）的关系为极显著正相关，与杂草重要值的关系为显著负相关（R_{AT}=−0.780，R_{ST10}=−0.705，$P < 0.05$），再次表明空气、浅层土

壤温度可促进禾草生长，抑制杂草生长。30 cm（R_{ST30}=−0.685，$P < 0.05$）、40 cm（R_{ST40}=−0.675，$P < 0.05$）土壤温度与莎草重要值呈显著负相关关系，表明深层土壤温度能够抑制莎草生长。0~10 cm 深度土壤水分与 Pielou 指数呈显著负相关关系（$R_{SW0~10}$=−0.703，$P < 0.05$），与地上生物量呈显著正相关关系（$R_{SW0~10}$=0.686，$P < 0.05$），表明浅层土壤水分能够降低物种多样性，增加生产力；与禾草重要值的关系为显著正相关（$R_{SW0~10}$=0.735，$P < 0.05$），表明浅层土壤水分促进禾草生长。

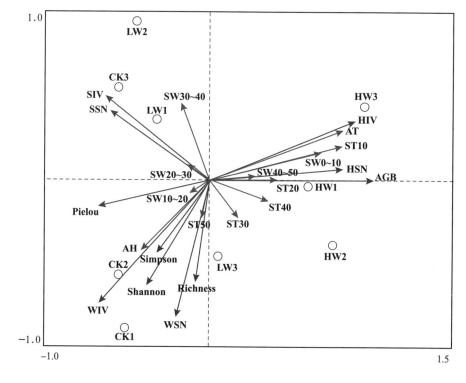

AT：空气温度；ST 10：10 cm 土壤温度；ST 20：20 cm 土壤温度；ST 30：30 cm 土壤温度；ST 40：40 cm 土壤温度；ST 50：50 cm 土壤温度；AH：空气湿度；SW 0~10：0~10 cm 土壤水分；SW 10~20：10~20 cm 土壤水分；SW 20~30：20~30 cm 土壤水分；SW 30~40：30~40 cm 土壤水分；SW 40~50：40~50 cm 土壤水分；Richness：Richness 指数；Simpson：Simpson 指数；Shannon：Shannon 指数；Pielou：Pielou 指数；AGB：地上生物量；HIV：禾草重要值；HSN：禾草物种数；SIV：莎草重要值；SSN：莎草物种数；WIV：杂草重要值；WSN：杂草物种数；CK 1~3：1~3 号 CK 样地；LW 1~3：1~3 号 LW 样地；HW 1~3：1~3 号 HW 样地。

图 14-3　山西亚高山草甸植被指标与水热因子的 RDA 排序分析

表14-2 山西亚高山草甸植被指标与水热因子的相关性分析

指标	Richness	Simpson	Shannon	Pielou	AGB	WSN	HSN	SSN	WIV	HIV	SIV
AT	-0.07	-0.522	-0.387	-0.857**	0.823**	-0.309	0.849**	-0.319	-0.780*	0.870**	-0.421
AH	-0.063	0.353	0.208	0.588	-0.414	0.243	-0.607	-0.118	0.594	-0.548	0.101
ST10	-0.138	-0.515	-0.41	-0.822**	0.818**	-0.321	0.801**	-0.414	-0.705*	0.817**	-0.442
ST20	-0.469	-0.364	-0.449	-0.247	0.416	-0.379	0.271	-0.549	-0.258	0.467	-0.485
ST30	0.126	0.295	0.216	0.127	0.175	0.208	0.398	-0.628	0.069	0.298	-0.685*
ST40	0.191	0.234	0.192	-0.065	0.361	0.171	0.564	-0.544	-0.138	0.465	-0.675*
ST50	0.181	0.439	0.333	0.346	-0.048	0.281	0.146	-0.395	0.22	0.061	-0.471
SW0~10	-0.15	-0.424	-0.366	-0.703*	0.686*	-0.23	0.638	-0.496	-0.583	0.735*	-0.479
SW10~20	0.089	-0.024	0.024	-0.125	-0.122	0.048	-0.116	0.234	0.127	-0.226	0.231
SW20~30	-0.354	-0.331	-0.327	-0.065	-0.136	-0.271	-0.273	0.059	0.021	-0.172	0.298
SW30~40	-0.516	-0.497	-0.497	-0.118	-0.172	-0.539	-0.205	0.244	-0.219	-0.038	0.426
SW40~50	-0.337	-0.332	-0.346	-0.265	0.283	-0.208	0.233	-0.6	-0.194	0.347	-0.356

注：AT：空气温度；ST10：10 cm 土壤温度；ST 20：20 cm 土壤温度；ST 30：30 cm 土壤温度；ST 40：40 cm 土壤温度；ST 50：50 cm 土壤温度；AH：空气湿度；SW 0~10：0~10 cm 土壤水分；SW 10~20：10~20 cm 土壤水分；SW 20~30：20~30 cm 土壤水分；SW30~40：30~40 cm 土壤水分；SW40~50：40~50 cm 土壤水分；Richness：Richness 指数；Simpson：Simpson 指数；Shannon：Shannon 指数；Pielou：Pielou 指数；AGB：地上生物量；HIV：禾草重要值；HSN：禾草物种数；SSN：莎草物种数；SIV：莎草重要值；WIV：杂草重要值；WSN：杂草物种数；* 表示 P<0.05；** 表示 P<0.01。

第15章　山西亚高山草甸植物群落生物量对模拟增温的响应

植物群落生物量是研究植被净初级生产力的基础，是植被碳库的度量，体现了生态系统结构与功能的综合性数量特征。植物群落地上–地下生物量及其分配的微小变化，会引起不同碳库之间的碳周转，影响陆地生态系统碳循环，进而调节全球的气候变化，从而使生物量的估算和动态变化成为碳循环以及现代生态学研究的重要内容。温度升高在一定程度上满足了植物对热量的需求，但也改变了植物群落的小气候环境，从而通过多种途径直接或间接影响植物的生理过程，进而影响植物生物量生产。然而，当前有关植物生物量对增温响应的研究还存有较大争议，主要表现在：第一，增温可通过降低土壤含水量或增加植物呼吸作用减少植物生物量；第二，增温可通过提高新陈代谢速率增加植物的光合能力或通过较高的分解作用增强植物对矿物营养的吸收，进而增加植物生物量。因此，增温对植物生物量的影响较为复杂，而且不同物种和不同生活型对增温的响应不同，所以增温效应需视物种类型区别对待。

15.1　模拟增温对地上–地下生物量的影响

如图15-1所示，亚高山草甸地上生物量在不同处理下的差异达到了显著水平（$P<0.05$）。具体来看，在对照（CK）处理下地上生物量为（62.331 ± 8.185）g/m^2；在低度增温（LW）处理下地上生物量达到（126.366 ± 8.267）g/m^2，增幅为202.73%；在高度增温（HW）处理下地上生物量增加到（302.380 ± 46.731）g/m^2，近乎5倍的增速，表明亚高山草甸地上生物量对模拟增温的响应比较敏感，高度增温下更加明显。

相反，地下生物量在不同处理下无显著性差异（$P>0.05$），随增温幅度的增大，地下生物量有增加的趋势。具体来看，在 LW 处理下，地下生物量从 CK 处理下的（218.021±34.154）g/m² 增加到（248.367±75.082）g/m²，增幅为 13.929%，在 HW 处理下，地下生物量为（365.42±112.779）g/m²，增幅为 67.608%，可以看出，相比低度增温，地下生物量对高度增温响应比较敏感。

地上生物量在总生物量中所占的比例随着增温幅度的增加逐渐增高，地下生物量则相反，随着增温幅度的增加逐渐降低，表明在温度升高的作用下，亚高山草甸的生物量更多地分配到地上部分，地上生物量对增温初期响应更为敏感。

综上可得，随着温度的增加，亚高山草甸植被地上生物量和地下生物量均相应增加，生物量对温度的响应较敏感，且随着温度的增加，生物量更多地分配到地上部分。同时发现，地上生物量和地下生物量随增温幅度的增大而增加，高度增温下的增幅比低度增温下的增幅大，响应更敏感。

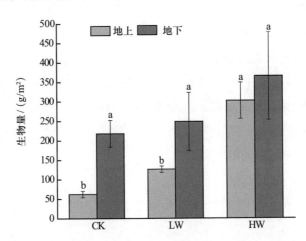

图 15-1　山西亚高山草甸生物量在不同处理下的变化

15.2　模拟增温对不同土层地下生物量的影响

如图 15-2 所示，在不同处理下，地下生物量随土壤深度增加呈减小趋势，同一土层的地下生物量在不同处理下的差异均未达到显著性水平（$P > 0.05$），同一处理在不同土层中的差异均达到显著水平（$P < 0.05$），0 ~ 10 cm 的地下生物量显著大于其他土层，10 ~ 20 cm、20 ~ 30 cm、30 ~ 40 cm 和

40～50 cm 的地下生物量之间无显著性差异。所有土层地下生物量在 HW 处理下略大于 CK（$P > 0.05$），除 0～10 cm 外，其余土层的地下生物量在 LW 处理下略大于 CK（$P > 0.05$）。不同土层地下生物量在 HW 和 LW 处理下无明显规律，但可以得到，HW 和 LW 处理对土壤表层地下生物量影响比较明显，随着土层的增加，变化幅度减小，影响也逐渐减弱。

对地下生物量的增幅而言，各试验处理间的增幅随深度增加呈递增趋势，其中，在 HW 处理下，0～20 cm 土层的地下生物量增幅高于 LW 处理，20～30 cm、40～50 cm 土层的地下生物量增幅小于 LW 处理时，30～40 cm 土层由于样品采集和室内处理的综合原因，LW 处理下的地下生物量小于对照组。以上分析表明，增温具有增加地下生物量的趋势，对土壤浅层分布的地下生物量的影响有加强趋势，而对土壤深层分布的地下生物量的影响逐渐减弱，温度的变化会引起地下生物量在不同深度土层中分配比例的变化。

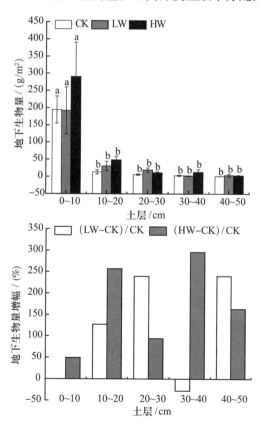

图 15-2 山西亚高山草甸不同土层地下生物量及其增幅在不同处理下的变化

第16章 讨 论

16.1 亚高山草甸植被生态效应讨论

16.1.1 亚高山草甸物种多样性的空间分布

物种分布格局是多个生态过程的产物，而这些生态过程又受到物种进化（物种的形成、迁移及灭亡）、地理差异及环境因子（地质、地貌、气候、土壤等）控制，从而导致物种多样性地理梯度格局的研究结果出现较大差异。这主要表现在：在水平分布格局方面，有研究认为，物种丰富度随经纬度升高呈递减趋势，但也有研究表明物种丰富度随经纬度无显著梯度变化或呈二次函数变化；在垂直分布格局方面，一些研究表明 α 多样性在中海拔地区达到最大，而另一些研究则表明 α 多样性随海拔升高逐渐下降或与海拔无关。本研究得出，黄土高原亚高山草甸 α 多样性在水平空间表现为高纬度、低经度的单峰变化格局，且在纬向上更为明显；但在垂直空间对海拔影响不敏感，随海拔升高趋于减小。

在对 β 多样性随海拔梯度变化格局的研究中，不同学者也得出了不同结论。大致可分为三种：①β 多样性沿海拔梯度无规律变化，高值一般出现在群落交错带；②β 多样性随海拔升高而单调下降；③β 多样性在低海拔地区变化不大，而在高海拔地区随着海拔升高急剧上升。本研究得出，黄土高原亚高山草甸从南向北、从西向东、从低海拔向高海拔，物种替代速率减小，群落组成相似性增大，β 多样性减小，且纬向上的变化幅度最高，垂向上次之，经向上最低。

γ 多样性随海拔梯度呈现两种较为普遍的分布格局：①偏峰分布格局（不同研究中峰值出现的区域不同）；②线性递减的负相关格局。本研究得出，黄土高原亚高山草甸总物种丰富度随经度、海拔，以及在 37.5°—40°N

纬度带均呈显著的先增大后减小的二次函数变化，即 γ 多样性的空间分布符合单峰变化格局，且物种在水平空间上的分布略高于垂直空间上的分布。

物种多样性的分布格局与尺度有密切关系，在不同尺度上控制物种多样性格局的环境因子有很大差异。因此，在物种多样性格局的研究过程中，应该充分考虑不同尺度。这些尺度既包括环境梯度尺度，也包括分类层次尺度。物种多样性沿环境梯度的分布格局在不同生活型物种之间差异很大。对于草本植物群落而言，α 多样性随纬度呈单峰格局，随海拔升高而降低是较为常见的分布格局；对于不同生活型物种，β 多样性沿环境梯度具有相似的分布格局，即随梯度升高而降低；γ 多样性随环境梯度大都呈偏峰分布格局。因此，不同植被类型不同空间尺度的物种多样性，其分布格局不一样。对此，不同学者提出了不同理论或假说进行解释，如 Rapoport 法则、"环境能量假说"和"中间膨胀效应假说"等。

黄土高原亚高山草甸物种多样性的水平空间分布近似呈单峰变化格局，纬向分布更为明显，这与当地自然环境和人类活动密切相关。黄土高原气候干旱、降水集中、植被稀疏、水土流失严重，加上人为干扰（放牧、旅游），该区自然环境极为恶劣。在黄土高原东缘从北向南，分布的山地海拔逐渐降低，人为干扰逐渐加强，即在低纬度地区严重的人为干扰对物种多样性产生负面影响，而高纬度的寒冷气候使土壤生成和植物生长缓慢，加上强烈的太阳辐射和昼夜温差大等严酷环境超出了大多数物种能够承受的极限，因此，中纬度地区则成为这两个极端区域植物种类分异的过渡区，物种多样性较高。这一结论有力地验证了"中间膨胀效应假说"。就海拔梯度而言，本研究中亚高山草甸平均海拔 2 472 m，但大都位于 2 250 ~ 2 745 m 范围，相差不足 500 m，说明黄土高原东缘山地的海拔不足以对物种多样性产生明显效应；而 α 多样性随海拔升高略有减小，同时 β 多样性随空间梯度均减小，说明温度高的地区物种多样性也高，这与"环境能量假说"相吻合，也进一步佐证了 Rapoport 法则。高海拔/高纬度地区气候相对寒冷，同时变化比低海拔/低纬度地区剧烈，造成该地区植物分布范围较广，使得相邻梯度带之间的物种更替速率比低海拔/低纬度地区小。

16.1.2 亚高山草甸生物量的空间分布

自 20 世纪以来，对高山森林植物生物量的研究日益增多，但对高山草本植物生物量分配随空间梯度变化的研究较少，而且绝大部分研究只限于某一空间尺度（如坡位、海拔），研究区也多集中在青藏高原、阿尔卑斯山等，对其他高山地区不同空间尺度草本植物生物量分布及分配的研究甚少。

对高寒草甸的研究表明，随海拔升高植物将更多生物量分配到地下部分，从亚高山带到亚冰雪带，植株个体越发矮小，植物地上 / 地下生物量和地上 / 总生物量比值均降低。这表明随海拔升高植物有性繁殖减少，无性繁殖重要性增加，通过降低地上茎和增加根系（尤其是小于 2 mm 的细根）来提高根冠比，使其地下部分获得足够的养分和温度，从而适应高山风大、低温、土壤贫瘠等极端环境。亚高山草甸位于海拔较高的山地，生境温度较低，草甸植物在生长发育的资源投资权衡中，寒冷生境会使植物倾向于向地下器官分配更多的同化物，特别是地下储存器官，以利于萌发再生和抵御高寒环境胁迫，从而使植物个体具有较大的根冠比。

本研究得出，黄土高原亚高山草甸生物量的空间分布趋于高环境梯度，地上生物量在纬向上变化更为明显，而地下生物量在水平空间上变化差异较小，往北往东发展，生物量分配趋于地下部分，且纬向上的生物量分配比经向上更为明显；从低海拔到高海拔，生物量分配也趋于地下部分，而地上生物量减小显著，表明地上生物量与海拔的关系更为密切。有研究表明，山地植物生物量从西向东、从北向南呈现增加的水平变化格局；但其垂直空间格局较为复杂，随海拔变化表现为负相关、单峰格局或非线性响应关系。造成生物量沿空间梯度出现不同变化格局的原因仍不确定，多数研究认为水热配比条件是造成差异性分布的主要原因，但其机理仍不明确。而且，不同功能群植物对环境因子变化具有差异性响应。因此，黄土高原亚高山草甸随空间梯度增加，其生物量更多分配到地下部分。由此可见，从植物种群层面研究环境梯度对物种多样性和生物量的影响是探索环境因子对植物群落影响的重要方法。

16.1.3 亚高山草甸物种多样性与生物量的关系

物种多样性与生物量之间的关系能够揭示生物多样性对生态系统功能

的作用途径和过程。本研究得出,黄土高原亚高山草甸物种多样性与生物量符合异速生长模型,且随物种多样性增加,生物量分配趋于地上部分,使地上生物量增大。一般认为,物种多样性增加会提高生物量,且表现为幂指数关系。对人工生态系统的研究发现,物种最丰富的系统产生最大的生物量,即多物种系统比少物种系统具有更高生物量;在天然草原和弃荒地的试验也说明物种多样性对于维持生物量水平具有明显作用。然而,这也有可能是由取样效应引起的,即从物种库中选取的物种数越多,生物量高的物种出现的概率就会相应增加,系统生产力随之升高,并不是由物种多样性增加造成的。在自然条件下,由于物种多样性受到环境及人类干扰等因素影响,物种多样性和生物量的关系具有复杂性,一般表现为四种形式,即线性关系、非线性单峰关系、S形曲线关系和非相关关系。近些年的研究主要强调人为因素对物种多样性的影响,而自然状态下物种多样性与生物量的关系并未引起足够重视。

另外,由于研究尺度、研究对象、研究区域等差异,物种多样性与生物量之间关系的研究结果也有较大不同。这主要表现在:一是通过较大地理尺度的研究来消除地形因素干扰,忽略了小尺度地理单元中群落多样性的具体差异;二是通过小尺度均质生境和人工群落来模拟研究,忽略了由于尺度增大导致的较强空间异质性对多样性与生产力关系的影响;三是在山地研究中,只对山体进行同一空间层次水平的研究,不能对山地整体的空间层次进行系统研究。

对于本研究得出的物种多样性与生物量呈正相关关系的原因,很可能是因为其符合"生物地理亲和力假说",该假说认为在地球气候历史和物种生态位进化保守性的双重作用下形成了物种对气候的耐受功能;同时,该结论也支持生物多样性是维持生产力重要途径的常识,即更多的物种多样性可以通过物种冗余与功能互补来实现对环境变化的适应,从而维持高寒草地生产力的相对稳定。因此,从植物种群层面探讨自然状态下物种多样性和生物量不同层次的空间分布及其相互关系,对于阐明生物多样性与生态系统功能关系的内在机制有着重要意义。鉴于此,本研究以黄土高原东缘的典型亚高山草甸为研究对象,划分了不同纬度、经度、海拔梯度带,回答了三个科学问题:①亚高山草甸 α、β、γ 三种空间尺度的物种多样性的空间分布格局；②亚高山草甸生物量及其分配在水平空间和垂直空间的变化格局；③亚高山草甸物种多样性与生物量的相互关系。

16.1.4 亚高山草甸对气候变暖的响应

16.1.4.1 亚高山草甸群落结构对模拟增温的响应

开顶式生长室限制了水平方向的空气流动，一定程度地降低了垂直方向的对流过程，室内空气湍流作用减弱，加之太阳辐射很容易透过玻璃纤维，导致室内的温度升高。在温度升高下，植物蒸腾作用增强，植物生理过程发生改变，同时温室内的季节冻土层发生消融与融冻等过程，以及土壤其他物理条件发生改变，必然对植物的生长和演替产生影响。

本研究发现，随着增温幅度变大，云顶山亚高山草甸物种多样性呈递减趋势，说明增温对物种多样性产生一定的负面影响。这是由于增温使局部小气候出现暖干化，从而影响了植被的生长。研究也发现，云顶山亚高山草甸空气在增温后出现暖干化，表现为空气温度显著增加，空气湿度显著减小，直接影响地上植被的生长，对群落结构产生负面作用。杨晓艳等（2018，2020）在吕梁山进行的模拟增温试验也表明，适度增温可提高物种多样性，但持续增温会使多样性受到抑制，这与徐满厚等（2013，2015，2016，2017，2021）在青藏高原的研究结果相同，即高度增温可抑制高寒植被生长。

云顶山亚高山草甸由于受到地形和海拔因素的影响，表现为严寒微湿气候，形成与青藏高原高寒草地相类似的气候。因此，在增温下云顶山亚高山草地和青藏高原高寒草地表现出较为一致的变化趋势。李娜等（2011）的研究也表明，低度增温可使高寒草地杂草分盖度显著增加，高度增温则抑制增加趋势；同时，草地土壤条件和水热状况不同，可导致植被物种多样性对增温响应表现不同。因此，草地水热因子对群落物种多样性的形成和维持起着至关重要的作用。

16.1.4.2 亚高山草甸不同功能型植物对模拟增温的响应

高寒植被各功能型植物由于生物学特性不同，其生长特征对增温响应也不同。本研究将在云顶山亚高山草甸调查的物种分成禾草、莎草和杂草三种功能型，发现增温促进了草地禾草类植物生长，抑制了杂草类植物生长，且随增温幅度变大，群落中不同植物功能型由杂草类向禾草类转化。

周华坤等（2000）在海北高寒草地的研究发现，增温1年后禾草地上生物量增加了12.30%，莎草增加了1.18%，杂草减少了21.13%。石福孙等（2010）在川西北亚高山草地的研究也得到相似的结论，即开顶式生长室内禾草的地上生物量和盖度显著增大，杂草的地上生物量和盖度显著减小。同样，姜炎彬等（2017）和李英年等（2004）研究均发现，增温后禾草物种数和盖度增加，杂草物种数和盖度减小。但宗宁等（2016）在藏北高寒草地的研究发现，增温降低了禾草与莎草植物盖度。李娜等（2011）在青藏高原的研究也有类似的结论，增温使高寒草地禾草和莎草盖度减少，杂草盖度增加，而使沼泽草地中禾草和莎草盖度增加，杂草盖度减少。

综合分析上述研究，作者认为增温后直接导致开顶式生长室内土壤含水量的减少，继而使植物种间竞争关系被破坏，从而引起群落优势种和组成发生改变，土壤条件和水热条件不同，对增温的响应也表现出不一致。本研究表明，在低度增温处理下，莎草的物种数、地上生物量、重要值均增加；但在高度增温处理下，莎草类植物消失；随增温幅度变大，杂草的地上生物量逐渐增加，但其重要值和物种数逐渐降低；禾草的物种数、重要值和地上生物量随增温幅度均逐渐增加。因此，短期增温能促进禾草植物生长，抑制杂草植物生长。究其原因，可能是禾草在增温条件下分蘖能力的增强和资源分配模式的改变延长了其对土壤元素的获得期，使其生长较快；而莎草较禾草耐阴，当禾草占据群落上层时形成郁闭环境，莎草便成为群落下层，同时莎草一般为短根茎地下芽植物，与禾草竞争吸收土壤氮素的能力不高，所以莎草生长较慢；杂草则由于禾草和莎草获得了过多的光照和养分，生长受抑制。

由此可见，引起禾草、莎草、杂草在增温下产生分化的主要原因是，各类功能型植物的生物学特性及其对资源利用的差异性。本研究对云顶山亚高山草地水热因子与群落结构特征关系进行的RDA排序分析，验证了这一结论：空气、浅层土壤温度促进禾草生长，抑制杂草生长；深层土壤温度抑制莎草生长；浅层土壤水分促进禾草生长。因此，增温改变了云顶山亚高山草地的水热因子状况，导致草地群落结构发生改变，使之向禾草类植物进行演替。

受全球变暖影响，植物的体型普遍"缩水"，全球平均气温每上升

1℃，植物体型可能缩小 3%~17%。由温度升高引起的植物早衰现象降低了植物蒸腾速率，在一定程度上间接增加了土壤湿度，但大尺度下气候变暖引起的干旱胁迫通过改变群落组成物种（优势种）的丰富度和稳定性，直接影响到整个植被群落的稳定性。增温可通过改变土壤水分对群落的结构和组成产生影响，但不同生活型的物种对增温有着不同的反应。Weltzin 等（2000）研究表明，增温改变了亚高山草地植物群落的物种组成，增加了禾草和豆科植物在亚高山草地植物群落中的比例，却降低了其他阔叶草本植物在群落中的比例。总之，温度变化已经显著影响了草地植物群落物种组成和植物多样性，从而进一步影响植被群落生产力的形成。

16.1.4.3　亚高山草甸生物量及其分配对模拟增温的响应

植被生物量生产及分配主要受气候因素影响。气候变暖可通过降低土壤含水量抑制植物生长，或是增强植物呼吸作用消耗有机物，以减少生物量，也可通过增强植物光合作用或对矿物营养的吸收能力来促进有机物生产。因此，温度上升对植物生物量的影响存在不确定性。张新时（1993）的研究表明，无论是高寒草原还是高寒草甸，其潜在第一生产力在气温升高下均呈现不同程度的增加。刘伟等（2010）对海北矮嵩草草甸的观测也得出植物群落地上生物量、盖度、平均高度在模拟增温试验处理下均表现为逐渐上升趋势的结论。此外，Chen 等（2017）通过对青藏高原高寒草甸 3 年模拟增温试验发现，温度升高显著提高了禾本科和豆科植物的丰富度与生物量，总初级生产力有所增强。但是，受全球气候变暖的影响，植被出现明显退化，造成牧草产量和高寒草地生物总量出现不同程度的减少。因此，增温对植物生物量的影响具有复杂性。

首先，增温幅度和增温持续时间的不同对生物量变化产生显著影响。在增温幅度方面，高寒草甸生物量随温度升高呈增加趋势，但大幅增温下生物量出现不同程度的减少；短期增温对高寒生态系统植被生长发育产生显著影响，同时增温幅度增加抑制了生物量增加。在增温时间方面，高寒矮嵩草草甸生物量在模拟增温试验初期呈增加趋势，但增温时间持续 5 年后生物量反而下降；温度增加初期对高寒植被有正效应，但温度持续升高，则对高寒植被产生负效应。造成这种现象的主要原因可能是增温下植物生长速度加快，成熟过程提前，生长期反而缩短。因此，生物量对初期温度升高非常敏感，但随着增温时间延长和增温幅度增加，生物量表现出对温度升高的适应性，增加幅度开始出现下降趋势，再加之增温装置使得温度日变化长时间受到限制，影响干物质积累，最终导致生物量减少。

其次，高寒草甸各功能群植物生物学特性不同，其生物量生产对气候变化的响应也不同。川西北亚高山草甸建群种牛尾蒿（*Artemisia dubia*）和野青茅（*Deyeuxia pyramidalis*）地上生物量在模拟增温下均显著增加，伴生种中华羊茅（*Festuca sinensis*）地上生物量却有所减少，草甸群落上层生物量对短期温度上升的响应更为敏感。矮嵩草草甸生物量在短期增温条件下表现出随温度上升而增加的趋势，禾草地上生物量增加了 12.30%，但杂草减少了 21.13%。因此，短期增温能促进禾本科植物生长，抑制杂草类植物生长。但李娜等（2011）研究发现，增温样地内禾草和莎草盖度及生物量均显著小于对照样地，而杂草类盖度及生物量均显著大于对照样地，认为对高寒草甸大幅度增温促进了莎草和禾草类盖度减少、杂草类盖度增加的趋势。其主要原因可能是草甸在温度上升影响下出现明显的层片结构，上层禾草科占据了绝大部分空间，莎草科和杂草类下层植物为了争取到更多阳光和空间，植株高度整体增加。

最后，增温可改变高寒草甸植被地下生物量在土壤中的分布。北半球高纬度地区非生长季增温会减少积雪覆盖面积，加速冻土形成，导致细根死亡量增加，使地下生物量分配格局发生变化。草地植物地下部分生物量的垂直分布呈典型的倒金字塔模式，主要集中在 0～10 cm 土壤表层中。但在增温试验处理下，亚高山草甸 0～30 cm 地下土层中生物量减小，根系在土壤中的分配比例发生明显改变。青藏高原高寒草甸 0～5 cm 土壤表层生物量有所减少，相反，5～20 cm 土层生物量增加。因此，温度升高使得高寒草甸地下生物量出现向深层转移的分配格局，对土壤深层地下生物量的影响逐渐加强。同时，在荒漠草原地区，增温处理下 0～10 cm 土层地下生物量下降，10～30 cm 土层地下生物量显著增加，地下生物量也表现出向地下深层土壤根系层中迁移的现象。由此可见，荒漠草原和高寒草甸这两种不同类型的植被其地下生物量对气候变化的响应表现出一致的变化特征。因此，温度上升引起表层土壤含水量减少，使得水分成为限制植物生长的最关键因子，导致土壤表层生物量减少，为了更好地生存，植物根系向更深土层延伸吸收水分，以此来适应环境，导致地下生物量向深层土壤转移。

16.2 山地林下草地植被生态效应讨论

16.2.1 林下草地植物区系特征

吕梁山草本群落样地共调查到草本植物 58 种，隶属 26 科 50 属，主要科属有菊科、毛茛科、锦葵属、委陵菜属等，以多年生草本为主。草本植物种类组成复杂，科、属、种分布复杂多样且不均衡，其中单属科、单种属、单种科在草本植物区系组成中占比较大，均超过 50%，这与孔冬梅（2010）对庞泉沟植物区系研究、孟龙飞等（2012）对五鹿山种子植物区系研究的结果较为一致，说明吕梁山地区草本植物种类组成较为分散，分化程度较高。

科的区系分属于 3 个分布区类型和 1 个变型，主要是以世界分布类型为主，其次是泛热带和北温带分布类型，北温带和南温带（全温带）间断分布区类型不多；属的区系分为 9 个分布区类型和 6 个变型，其中温带分布属有 34 属 39 种，占总属数、总种数的 69.39%、68.42%，没有中国特有属的分布区类型。吕梁山草本植物区系整体上以温带性质为主，地理成分具有典型的温带特征，特有现象不明显，表明吕梁山草本植物区系具有典型的温带性质。本研究结果与山西境内不同地区如五鹿山国家级自然保护区、历山国家级自然保护区、关帝山、山西汾河源头等的植物区系研究结果较为一致，山地植被植物区系的温带性质明显。

16.2.2 林下草地温度和湿度的变化特征

山地海拔变化直接作用于热量和水分的空间分配过程，使其在一个相对较小的空间范围内呈现出梯度效应。研究表明，山地温度随海拔升高而下降，对于祁连山的研究发现土壤湿度随海拔升高而增加，土壤温度则相反，与本研究结果一致；闫文德等（2006）的研究发现，由于温度变化的迟滞效应，空气温度对太阳辐射的敏感度比土壤温度要高，致使两者的变化不同步，其可以作为本研究中土壤温度峰值滞后于空气温度的原因。本研究发现，随着海拔升高湿度也增加，与多数研究认为的湿度与海拔呈线性正相关的结果相一致；不同山体的土壤湿度没有明显的变化趋势，很多研究表明降雨是影响水分变化的关键因素，植物群落的土壤湿度与总降雨量有显著正相关关系。胡光成等（2009）的研究也发现由于降水集中导致土壤湿度无明显变化，这与本研究中集中降雨天气导致土壤湿度无波动的结果相一致。

16.2.3 林下草地物种多样性的空间格局

植被物种多样性的空间梯度的变化格局因地而异，从而能反映植物的生物生态学特征、分布情况及其对生境的适应性。物种多样性的空间变化受到温度、降水、土壤等多种环境因子的综合影响，从而导致物种多样性在不同空间上的变化格局存在差异性。物种多样性的海拔格局有五种基本模式：先降后升、中间高、单调下降、单调上升和无明显规律。吕梁山草本群落的 α 多样性随着海拔的升高呈中间高、两边低的单峰曲线变化趋势，在中海拔（2 000 ～ 2 300 m）地区达到最大值。

β 多样性能够表征随着环境的空间变化植物群落之间的差异，或是快速变化的环境梯度中的物种组成的更替。β 多样性的变化中 Cody 指数和 Bray-Curtis 指数随海拔的升高在 1 400 ～ 2 000 m 急剧变化，表明随着海拔升高草本群落间物种的更新速率加快，物种组成差异加大；β 多样性在 1 900 ～ 2 000 m 海拔出现极点，草本物种替代率最大，研究表明山地植物群落间的过渡带具有高的物种多样性和更替速率，吕梁山海拔 1 900 ～ 2 000 m 是草本群落物种组成变化的过渡地带；β 多样性在中海拔 1 900 ～ 2 300 m 上的变化较为平稳，表明草本群落在吕梁山中海拔地区的物种组成较为均匀，群落间生境差异性较低，群落结构更为稳定，这与 α 多样性在中海拔地区最高的结论一致。γ 多样性沿海拔梯度呈单峰分布格局是较为普遍的，本研究得到吕梁山 γ 多样性的峰值出现在中部地区，在海拔和纬度梯度上均符合单峰变化格局。

之前的研究表明，人为干扰是影响物种多样性空间格局的重要因素之一，通常低海拔地区受到的人为干扰更为强烈，如对秦岭牛背梁木本植物、武夷山的多样性的研究中均提出了类似的看法。本研究结果表明，吕梁山草本植物物种多样性均呈现中海拔物种多样性高的单峰格局，这是由于吕梁山低海拔山地气温高，气候干旱，加之人为干扰强烈对植物生长产生负面影响；而高海拔地区主要是高温、太阳辐射强、昼夜温差大等严酷环境严重影响植物生长发育；在山地的中海拔带是这两个极端地区植物种类分异的过渡地带，具有适宜的温度和降水，另外，人为干扰因素较少，生态环境更适宜植被生长，成为植被物种多样性较为丰富的地区。

16.2.4 林下草地地上生物量的空间格局

众多研究表明，植被地上生物量随海拔上升呈增加趋势，但也发现了生物量随海拔升高逐渐减小的变化。罗天祥等（2002）对自然生境下的亚高山草地研究发现地上生物量随海拔升高先表现出增加的趋势，在某一海拔高度上达到最大生物量后迅速下降。本研究中草本植物群落的地上生物量随海拔和纬度梯度的变化均表现出中间高、两边低的单峰格局，在中部地区达到最大值后开始下降。黄玫等（2006）的研究发现，同一植被类型生物量的变化具有区域差别性，水热条件丰富的地区植物生物量高于低温干旱的地区。本研究发现吕梁山草本植被的地上生物量在中海拔和中纬度地区高于其他空间，通过对环境因子的研究表明，中部区域的水热条件相较于其他海拔和纬度具有温度高、湿度大的特点，更有利于植被生物量产生与积累，进一步对吕梁山草本群落生产力的空间分布产生差异性影响。

16.2.5 林下草地物种多样性与环境因子的关系

自然状态下群落物种组成的变化是植物对生长环境的适应结果，在长期演变进化中形成了一定的群落结构，植物和生境之间的相互依托作用，是对当地生态–地理–气候的综合体现。山地系统独特的地理结构和水热过程，有大量环境因子用于解释物种多样性的分布格局，许多表征热量、水分的气候因子被认为与不同地区、不同尺度的多样性格局密切相关。研究发现，实际蒸散量比潜在蒸散量能更好地反映物种丰富度的海拔变化格局，水热因子的变化决定了丰富度的变化格局，"水分–能量动态"模型也认为水分和热量间的关系控制了植物的生理活动，进而影响物种多样性的变化格局。

　　本研究发现，空气、土壤的温度和湿度的变化对物种多样性具有一定的影响，表明物种多样性的格局受到热量和水分的综合调控。冯建孟等（2006）将年均温、冬季均温、潜在蒸散量等指标作为热量因子组的研究发现，温带植被物种多样性指数与热量因子呈负相关关系。徐满厚等（2015，2017）研究发现，高寒草甸的植物多样性在短期增温下有所增加，但是响应并不敏感，温度升高超过一定的临界值会对草本物种多样性产生抑制作用。本研究分析发现，随着温度的升高 α 多样性指数呈显著降低趋势，随着湿度的增加 α 多样性指数呈显著增加趋势，表明温度升高对物种多样性具有负作用。为了探明吕梁山环境因子与植被物种多样性的关系，在后续的研究中应把握好尺度和影响因素的选择。

16.2.6　林下草地地上生物量与环境因子的关系

　　植物群落的物种组成分布和生产力水平都受到自身生长环境的影响，分析水热环境因子与群落生产力之间的关系，是理解环境与植物群落之间的关系，合理保护草地资源的基础。本研究中草本植被的地上生物量与温度呈线性负相关关系，与湿度呈线性正相关关系，但均不显著。刘明春等（2001）的研究发现，热量和水分是影响草地植物地上生物量的关键因素。对我国内蒙古温带草地植物的研究认为，年平均温度对地上生物量的空间变化有复杂的影响。有研究发现，温度升高会降低土壤湿度从而限制植被生长，或增强植被的呼吸作用，增加有机物的消耗，最终使生物量合成减少。本研究发现随着温度升高地上生物量呈下降趋势，这都表明温度升高将会在一定程度上抑制草本植物生长发育，从而减少地上生物的积累。

　　本研究发现，水分的变化对草本植物地上生物量的限制作用更大。不少研究发现降水是影响群落生物量变化的主要因素，陈效述等（2008）的研究发现，内蒙古草原地上生物量与多年平均降水量之间为正相关关系。本研究对环境因子的分析中也发现，降雨是影响土壤水分的主要因素，进而影响地上生物量的变化。温度升高导致表层土壤含水量的蒸发速度加快，使得水分因子成为植物生长的限制性因子，植物根系趋于向土壤深层吸收水分以满足生长需求，植被生物量将趋于向地下转移，从而导致植物地上生物量的下降。

16.2.7 林下草地物种多样性与地上生物量的关系

植物群落的初级生产力是生态系统生产力和功能性的基础表现形式，研究物种多样性和生产力水平的关系，能够深入了解和认识植物群落功能对生态系统稳定性的重要意义。许多对植物群落的研究发现，多样性与生产力的关系分为正相关、对数型上升和负相关等表现形式。本研究结果中吕梁山草本植物 α 多样指数与地上生物量之间呈显著的正线性相关关系。对高寒草地的研究发现 Shannon 指数与生物量之间表现为正相关关系，王长庭等（2004）的研究发现嵩草草甸的物种多样性与生产力呈递增的正相关性，均与本研究结果相一致。

自然群落中物种多样性与生产力的相互关系能够反映出植被与生境之间的相互作用，能够较为真实地反映出物种多样性在适应环境过程中对群落生产力的长期稳定影响。Tilman 等（1994，1996，2001，2006）研究发现植被生产力随着物种多样性的升高而增加，并且物种多样性对生产力的正效应在植物群落长期变化中逐渐增强。吕梁山草本植被物种多样性与生产力的正相关性也证明了丰富的物种多样性会产生更高的群落生产力，从而使山地生态系统更具有稳定性。

16.2.8 林下草地对气候变暖的响应

16.2.8.1 林下草地温度、水分因子对模拟增温的响应

本研究采用开顶式生长室作为增温装置，设置低、高两个增温梯度，分别使空气温度最高增加 1.36℃和 2.81℃。姜炎彬等（2017）在那曲站进行的梯度增温试验认为，开顶式生长室高度越高、开口越小，其增温效果越明显，这与本研究的结论相一致。开顶式生长室由于阻挡了空气的水平运动，空气由上端口进入后不易流通，起到聚热效果，因而箱内空气温度升高。

本研究发现，增温对空气温湿度均产生正效应且空气温度增加显著。空气温度显著升高，土壤水分蒸发和植物蒸腾作用增强，但由于近地面植被层和开顶式生长室的阻挡作用，水分不易扩散，从而使开顶式生长室内空气湿度增加。李英年等（2004）研究得出开顶式生长室内地表蒸散较对

照高，导致开顶式生长室内地表至植物层出现暂时相对干燥的低湿度环境，有利于禾草类植物生长发育的结论。这与本研究的结论相类似，研究测定的空气温湿度是距地面 20 cm 高度的植被冠层，受植被盖度影响较大，因而在近地面易形成空气湿度相对较高的环境。本研究也得出，增温加强了植被与水分因子的关系，并显著影响植被盖度。

然而，空气温湿度对增温的响应还与增温幅度有关。本研究发现，高度增温处理下空气湿度在五鹿山减小 0.40%，在关帝山和管涔山分别增加 5.29% 和 0.94%，这与增温幅度过高引起的干旱有关。五鹿山地处吕梁山系的低纬度地区，其空气温度在增温处理下升幅最大，其中在高度增温处理下可增加高达 1.48℃，远远高于关帝山（0.88℃）和管涔山（0.65℃）的温度升幅。五鹿山的 1.48℃ 温度升幅已经接近联合国政府间气候变化专门委员会（IPCC）提出的 1.5℃ 升温阈值，对生态系统产生不可预料的后果，所出现的空气湿度在五鹿山呈减小趋势便是其中之一，与增温幅度过高引起的干旱有关，这在《IPCC 全球升温 1.5℃ 特别报告》中也得到了验证。

本研究表明，增温对土壤温湿度产生一定的负效应，其中增温对土壤湿度产生负效应，这与大多数学者的研究一致，即增温增强了土壤水分蒸发，导致土壤出现暖干化趋势。而本研究发现在增温处理下土壤温度出现下降趋势，这与数据采集时出现的降雨有关。降雨的干扰使得土壤水分随土层的变化出现异常，也显示土壤水分随土层加深而增加。因此，土壤水分由于降雨干扰而突然增加，影响了增温对土壤温度的效应。车宗玺等（2018）研究表明，土壤温度与水分呈线性负相关关系，本研究也显示出土壤温度与土壤水分随土层深度呈相反的变化趋势。因而，雨水下渗导致的土壤水分增加，会降低土壤温度，如果这种减弱程度超过了增温对土壤温度的增加程度，便会出现增温下土壤温度降低的情况。陆晴等（2017）研究发现，温度较高、热量条件较好的地区，降水为生长季植被覆盖度变化的主导因子。通过前期对吕梁山亚高山草地的研究也发现，物种多样性在时空上呈现受降水影响较大，且由北向南逐渐升高的变化格局。五鹿山为吕梁山的最南端，处于整个山系的低纬度地区，温度较高，在降水起主导作用的条件下，该区的增温效应受降水影响较大。因此，降水增加可能会减弱增温对土壤的效应，从而出现增温对土壤温度产生负效应的情况。

16.2.8.2 林下草地植物群落特征对模拟增温的响应

在本研究中，短期增温显著改变了群落盖度，群落密度、频度和高度呈增加趋势但不明显。姜炎彬等（2017）在青藏高原进行的短期增温试验也表明，增温对高寒植被有正效应，但各植被指标的方差分析都未达到显著水平，表明短期增温对植被影响不显著。2 年的模拟增温试验表明，增温使高寒草地植物群落的高度整体增加，多数物种的密度有所增加，处于群落上层的建群种和主要伴生种的盖度有所增加。周华坤等（2000）对矮嵩草（*Kobresia humilis*）草地的研究也发现，多数物种的高度和密度均有所增加。陈翔等（2016）利用红外线辐射器作为增温装置的试验发现，物种频度先减小后增大，增温降低了美丽风毛菊（*Saussurea pulchra*）的频度，却增加了黑褐苔草（*Carex atrofusca*）和珠芽蓼（*Polygonum viviparum*）的频度。张东等（2018）在内蒙古荒漠草原进行的长期增温试验发现，群落高度整体增加。齐红等（2013）在松嫩草原的增温试验也表明，增温对羊草（*Leymus chinensis*）种群高度的影响不显著，而对其密度具有一定的促进作用。这些研究位于我国不同生态区，选择的植被类型、采用的增温装置、试验的持续时间均有所不同，但结论与本研究基本一致，说明增温在一定程度上促进植物生长，影响群落发育，即增温对植被产生的效应具有时间尺度依赖性。

本研究在黄土高原东部进行梯度增温试验发现，低度增温下植物群落特征指数的增幅基本略高于高度增温。在青藏高原的试验也表明，增温显著促进了沼泽草地的生长，但大幅度增温抑制了这种促进作用。这说明不同增温水平对整个植被群落特征有一定影响：增温幅度较低时，群落的高度、盖度、生物量及多样性有一定程度的增加；但当温度升高超过一定值时，群落的盖度、高度、地上生物量又逐渐降低。之所以会这样，很大程度上是由于大幅度增温加剧了土壤水分蒸发，不利于植物生长，从而导致高度增温条件下植被群落特征呈下降趋势。因此，增温要控制在一定幅度内，才能对植被产生正效应。

另外，本研究还发现，低度增温处理下植物密度和频度在关帝山分别减小 6.05 株 /m^2 和 1.09%，但在五鹿山和管涔山均呈增加趋势。从草本群落结构来看，从五鹿山中海拔开始，群落中的优势种均为披针薹草，且随纬度增加优势种密度增加，但物种较为贫乏。关帝山地处吕梁山系的中纬度地区，其林下草本群落以莎草科的披针薹草为主，且在增温处理下群落物种数未出现显著变化。因此，增温处理下关帝山植物密度和频度呈减小趋势，很可能与其他物种的优势度发生变化有关。在今后的研究中，将群落内的所有物种划分成禾草、莎草、杂草三种植物功能型，对其在增温处理下的动态变化进行深入研究。

16.2.8.3　林下草地植被与温度、水分因子关系对模拟增温的响应

通过探究增温处理下植被与温度、水分因子的关系，得出水分因子对增温响应不敏感，可能是由于增温时间短（只有 3 年），也可能是受降雨天气影响，但增温加强了植被与水分因子的关系，促进植物对水分的依赖性，进而显著影响植被盖度。气温升高将加剧植被对水的需求，当降水较少的区域温度升高时，植被出现退化现象。

首先，在高寒地区，土壤水分是影响高寒草地植被盖度的重要因素，而增温导致土壤水分显著降低，在降雨较少的生长季初期尤为显著，这对植物生长发育将产生重要影响。因此，在气候变暖背景下，降水减少，土壤有效水分减少，土壤湿度降低，随着气温持续上升，植被蒸散作用加强，导致高寒植被生长速度降低，植被呈退化趋势。

其次，在黄土高原地区，温度上升加速了地表蒸散发过程，加剧了水分缺乏，从而造成黄土高原地区土壤干层的发育，对植被生长具有明显的抑制作用。由此可见，不管是高寒地区还是黄土高原地区，增温都会加强植物对水的依赖性，而暖干化则不利于植被生长；在水分较充沛的地区，温度成为植被生长的主导因子，因而增温可促进植物生长。

第17章 结 论

17.1 山西亚高山草甸研究结论

17.1.1 亚高山草甸随地理梯度的变化格局

以广布于黄土高原东缘的典型亚高山草甸为研究对象，从北向南依次选取隶属六棱山系、五台山系、吕梁山系和中条山系的 9 个山地，划分不同纬度、经度、海拔梯度带，探讨草甸物种多样性和生物量不同空间尺度的分布格局及其关系。亚高山草甸 α 多样性在空间上呈中间低、两头高的单峰变化格局，纬向上更为明显，但对海拔影响不敏感；β 多样性在空间上随梯度增加呈减小趋势，且纬向上的变化幅度最高；γ 多样性的空间分布大体符合单峰变化格局，且物种在水平空间上的分布略高于垂直空间。

亚高山草甸生物量的空间分布趋于高梯度，随空间梯度增加生物量更多地分配到地下部分，但地上生物量对空间梯度变化的响应较地下生物量更为敏感。亚高山草甸物种多样性与生物量符合异速生长模型，且随物种多样性增加，生物量分配趋于地上部分，使地上生物量增加。因此，由于黄土高原东缘独特的"两山夹一盆"地貌结构，其亚高山草甸大都呈南北分布，故纬向上的物种多样性和生物量空间分布更为明显，而亚高山草甸多分布在高海拔山地，其地上生物量对空间梯度和物种多样性变化的响应更为敏感。

17.1.2 亚高山草甸对模拟增温的响应

在云顶山亚高山草地进行模拟增温试验，温度升高下草地空气、土壤、植物群落发生较大变化。在不同增温处理下，空气温度显著增加，空气湿度显著减小，气候呈现暖干化；土壤温度显著增加，土壤水分趋于增加，土壤趋向暖湿化。草地植物群落在增温处理下杂草类植物生长受到抑制，禾草类植物生长得以促进；禾草类植物可导致群落具有较高的地上生物量，杂草类植物可导致较高的物种多样性。因此，增温增加了草地植物群落地上生物量，但对其物种多样性产生负面影响。随温度持续升高，草地中不同植物功能型由杂草类向禾草类转化。这可能是由于在增温处理下，空气、浅层土壤温度增加促进禾草生长、抑制杂草生长，深层土壤温度增加抑制莎草生长，从而导致整个群落向禾草类植物进行演替。

17.2 山西吕梁山林下草地研究结论

17.2.1 林下草地的植物区系特征

在吕梁山草本群落样地共调查到 58 种草本植物，隶属 26 科 50 属，主要科有菊科、毛茛科、蔷薇科等，主要属有锦葵属、铁线莲属、委陵菜属等，且生活型多以多年生草本为主。草本植物区系组成复杂，科、属、种分布类型复杂多样：属在科中分布相对不均匀，单属科、单种属植物的数量占绝对优势；种在科的分布中也不均衡，主要分布在 5 种以上的大科中，单种科在科的数量上超过一半。吕梁山草本植物区系的分布区类型整体上以温带性质为主，地理成分具有典型的温带特征，分布区地域特征明显。科的分布区类型主要以世界分布、泛热带分布、北温带分布为主，北温带和南温带（全温带）间断分布类型较少；属主要有 9 个分布区类型和 6 个变型，其中温带分布类型占优势。

17.2.2 林下草地的空间分布格局

吕梁山草本群落的 α 多样性随海拔、纬度梯度变化均呈先增后减的单峰格局，在中海拔和中纬度区域为峰值。β 多样性中 Cody 指数与 Bray-Curtis 指数在 1 900 ～ 2 000 m 海拔带上均出现剧烈变化，在 2 000 ～ 2 300 m 海拔带上平稳变化，表明 1 900 ～ 2 000 m 海拔带是草本群落物种组成变化的过渡地带，草本群落从低海拔到高海拔的物种更新速率加快，中海拔带群落物种变化相对较小。γ 多样性随纬度、海拔呈先增大后减小的单峰变化格局，其中水平空间略大于垂直空间。因此，吕梁山草本群落多样性在空间上呈中间高、两头低的单峰格局。

吕梁山草本群落地上生物量在空间上的分布表现出较小的数值变化，空间分布较为均匀。在垂直空间上，地上生物量随着海拔的升高，呈现中海拔高、低、高海拔低的单峰变化格局，整体上表现出略微增加趋势；在水平空间上，随着纬度的增加，地上生物量表现为中纬度高、低、高纬度低的单峰格局。整体上随着海拔、纬度的升高，呈现中海拔、中纬度地区地上生物量较高的空间分布格局。

17.2.3　林下草地植物特征与环境因子的相互关系

环境因子对吕梁山草本群落植物的物种多样性具有明显影响。空气温度、湿度的变化对 α 多样性指数的影响均呈极显著关系，土壤温度、湿度对其中的 Simpson 指数、Shannon 指数有显著影响，对 Pielou 指数影响不显著。α 多样性指数与空气-土壤的温度均呈显著负相关关系，与空气-土壤湿度均呈显著正相关关系。

空气-土壤温度、湿度的变化对吕梁山草本植物群落的地上生物量影响较小。随着空气-土壤温度的升高，地上生物量呈减少趋势，随着空气-土壤湿度的升高，地上生物量呈增加趋势，但环境因子的变化对地上生物量的影响均不显著。吕梁山草本群落的物种多样性对其生物量的大小有显著影响，随着 α 多样性指数的升高，地上生物量呈增加趋势，其中 Simpson 指数和 Shannon 指数与地上生物量的正相关性均达到极显著水平，Pielou 指数为显著水平。

17.2.4　林下草地对模拟增温的响应

林下草地空气-土壤水热因子对增温响应差异较大。增温对空气温湿度产生正效应，且空气温度的响应程度具有明显的海拔梯度格局，但空气湿度对增温响应不敏感，其响应程度呈现中间高值的空间变化格局。增温对土壤温湿度产生负效应，且土壤温度的响应程度具有明显的纬度梯度格局，但土壤水分对增温响应不敏感，其响应程度呈现与土壤温度相反的海拔梯度格局。因此，温度因子对增温响应更大，且空气温度具有海拔依赖性，土壤温度具有纬度依赖性。

　　增温对林下草地植物群落特征产生正效应。增温显著影响植物盖度，但植物密度、频度、高度对增温响应不敏感，其响应程度均呈减小的纬度梯度格局和增大的海拔梯度格局。增温下植被与温度、水分因子的关系趋于增强，而且植被与水分因子的关系对增温响应更为迅速。可见，在水分缺乏的吕梁山，增温会加强植被与水分的关系，促进植物对水的依赖性。但增温要控制在一定幅度内（本研究中为小于 $1.36℃$）才能对植被产生正效应，从而促进群落发育。

参考文献

巴图娜存，胡云锋，毕力格吉夫，等，2015. 蒙古高原乌兰巴托—锡林浩特草地样带植物物种的空间分布［J］.自然资源学报，30（1）：24-36.

白家烨，刘卫华，赵冰清，等，2018. 芦芽山荷叶坪亚高山草甸生物多样性［J］.应用生态学报，29（2）：389-396.

白晓航，张金屯，曹科，等，2016. 小五台山亚高山草甸的群落特征及物种多样性［J］.草业科学，33（12）：2533-2543.

白晓航，张金屯，2017. 小五台山森林群落优势种的生态位分析［J］.应用生态学报，28（12）：3815-3826.

白晓航，张金屯，曹科，等，2017. 河北小五台山国家级自然保护区森林群落与环境的关系［J］.生态学报，37（11）：3683-3696.

曹诗颂，王艳慧，段福洲，等，2016. 中国贫困地区生态环境脆弱性与经济贫困的耦合关系——基于连片特困区714个贫困县的实证分析［J］.应用生态学报，27（8）：2614-2622.

曹诗颂，赵文吉，段福洲，2015. 秦巴特困连片区生态资产与经济贫困的耦合关系［J］.地理研究，34（7）：1295-1309.

曹银贵，周伟，王静，等，2010. 基于主成分分析与层次分析的三峡库区耕地集约利用对比［J］.农业工程学报，26（4）：291-296.

晁倩，温静，杨晓艳，等，2019. 云顶山亚高山草甸植物物种多样性对模拟增温的响应［J］.环境生态学，1（4）：34-40.

车宗玺，李进军，汪有奎，等，2018. 祁连山西段草地土壤温度、水分变化特征［J］.生态学报，38（1）：105-111.

陈安仁，1983. 山西省的牧草资源及草地类型分析［J］.自然资源（3）：54-61.

陈超，朱志红，李英年，等，2016. 高寒草甸种间性状差异和物种均匀度对物种多样性与功能多样性关系的影响［J］.生态学报，36（3）：661-674.

陈泓，黎燕琼，郑绍伟，等，2007. 岷江上游干旱河谷灌丛生物量与坡向及海拔梯度相关性研究［J］.成都大学学报（自然科学版），26（1）：14-18.

陈加利，姜喜，韩路，2014.人工林胡杨树高、基径、冠径与胸径的关系分析［J］.中国农学通报，30（16）：18-21.

陈姣，廉凯敏，张峰，等，2012.山西历山保护区野生种子植物区系研究［J］.山西大学学报（自然科学版），35（1）：151-157.

陈灵芝，钱迎倩，1997.生物多样性科学前沿［J］.生态学报，17（6）：565-572.

陈廷贵，张金屯，2000.山西关帝山神尾沟植物群落物种多样性与环境关系的研究I.丰富度、均匀度和物种多样性指数［J］.应用与环境生物学报，6（5）：406-411.

陈文年，陈发军，谢玉华，等，2012.暗紫贝母的物候和鳞茎在海拔梯度上的变化［J］.草业学报，21（5）：319-324.

陈翔，彭飞，尤全刚，等，2016.高寒草甸植被特征对模拟增温的响应——以青藏高原多年冻土区为例［J］.草业科学，33（5）：825-834.

陈效逑，李倞，2009.内蒙古草原羊草物候与气象因子的关系［J］.生态学报，29（10）：5280-5290.

陈效逑，郑婷，2008.内蒙古典型草原地上生物量的空间格局及其气候成因分析［J］.地理科学，28（3）：369-374.

陈有超，鲁旭阳，李卫朋，等，2014.藏北典型高寒草原土壤微气候对增温的响应［J］.山地学报，32（4）：401-406.

池志森，戴怡新，郝向麟，2006.我国区域生态环境质量评价方法探讨［J］.国家林业局管理干部学院学报（2）：43-46.

崔树娟，布仁巴音，朱小雪，等，2014.不同季节适度放牧对高寒草甸植物群落特征的影响［J］.西北植物学报，34（2）：349-357.

戴君虎，潘嫄，崔海亭，等，2005.五台山高山带植被对气候变化的响应［J］.第四纪研究，25（2）：216-223.

邓清月，张晓龙，牛俊杰，等，2019.晋西北饮马池山植物群落物种多样性沿海拔梯度的变化［J］.生态环境学报，28（5）：865-872.

丁明军，陈倩，辛良杰，等，2015.1999—2013年中国耕地复种指数的时空演变格局［J］.地理学报，70（7）：1080-1090.

丁明军，张镱锂，孙晓敏，等，2012.近10年青藏高原高寒草地物候时空变化特征分析［J］.科学通报，57（33）：3185-3194.

董全民，赵新全，马玉寿，等，2012. 放牧对小嵩草草甸生物量及不同植物类群生长率和补偿效应的影响 [J]. 生态学报，32（9）：2640-2650.

董斯扬，薛娴，徐满厚，等，2013. 气候变化对青藏高原水环境影响初探 [J]. 干旱区地理，36（5）：841-853.

杜京旗，张巧仙，田晓东，等，2016. 云顶山亚高山草甸植被分布、物种多样性与土壤化学因子的相关性 [J]. 植物研究，36（3）：444-451.

杜岩功，周耕，郭小伟，等，2016. 青藏高原高寒草甸土壤 N_2O 排放通量对温度和湿度的响应 [J]. 草原与草坪，36（1）：55-59.

段敏杰，高清竹，郭亚奇，等，2011. 藏北高寒草地植物群落物种多样性沿海拔梯度的分布格局 [J]. 草业科学，28（10）：1845-1850.

方精云，杨元合，马文红，等，2010. 中国草地生态系统碳库及其变化 [J]. 中国科学：生命科学，40（7）：566-576.

方精云，朱江玲，石岳，2018. 生态系统对全球变暖的响应 [J]. 科学通报，63（2）：136-140.

方精云，2004. 探索中国山地植物多样性的分布规律 [J]. 生物多样性，12（1）：1-4.

冯建孟，胡小康，2019. 环境因子对滇西北地区植物多样性分布格局的影响 [J]. 信阳师范学院学报（自然科学版），32（1）：62-68.

冯建孟，董晓东，徐成东，等，2009. 取样尺度效应对滇西北地区种子植物物种多样性纬度分布格局的影响 [J]. 生物多样性，17（3）：266-271.

冯建孟，王襄平，徐成东，等，2006. 玉龙雪山植物物种多样性和群落结构沿海拔梯度的分布格局 [J]. 山地学报，24（1）：110-116.

冯建孟，徐成东，2009. 云南西部地区地带性植物群落物种多样性的地理分布格局 [J]. 生态学杂志，28（4）：595-600.

冯璇，严俊霞，薛占金，等，2012. 山西省生态环境质量评价研究 [J]. 安徽农业科学，40（29）：14448-14452.

冯缨，许鹏，安沙舟，等，2005. 天山北坡中段草地类型 α 多样性研究 [J]. 干旱区研究，22（2）：225-230.

冯缨，许鹏，安沙舟，等，2005. 天山北坡中段山地草地类型多样性研究 [J]. 干旱区资源与环境，19（4）：59-62.

符瑜，潘学标，2011. 草本植物物候及其物候模拟模型的研究进展 [J]. 中国农业气象，

32（3）：319–325.

傅伯杰，刘焱序，2019. 系统认知土地资源的理论与方法［J］. 科学通报，64（21）：2172–2179.

干珠扎布，段敏杰，郭亚奇，等，2015. 喷灌对藏北高寒草地生产力和物种多样性的影响［J］. 生态学报，35（22）：7485–7493.

干珠扎布，2013. 增温增雨对藏北小嵩草草甸生态系统碳交换的影响［D］. 北京：中国农业科学院.

高润梅，石晓东，郭晋平，2006. 山西庞泉沟国家自然保护区种子植物区系研究［J］. 武汉植物学研究，24（5）：418–423.

高添，2013. 内蒙古草地植被碳储量的时空分布及水热影响分析［D］. 北京：中国农业科学院.

葛颂，2017. 什么决定了物种的多样性？［J］. 科学通报，62（19）：2033–2041.

郭正刚，梁天刚，刘兴元，等，2003. 新疆阿勒泰地区草地类型及植物多样性的研究［J］. 西北植物学报，23（10）：1719–1724.

韩彬，樊江文，钟华平，2006. 内蒙古草地样带植物群落生物量的梯度研究［J］. 植物生态学报，30（4）：553–562.

郝文芳，陈存根，梁宗锁，等，2008. 植被生物量的研究进展［J］. 西北农林科技大学学报（自然科学版），36（2）：175–182.

郝占庆，邓红兵，姜萍，等，2001. 长白山北坡植物群落间物种共有度的海拔梯度变化［J］. 生态学报，21（9）：1421–1426.

何芳兰，金红喜，王锁民，等，2016. 沙化对玛曲高寒草甸土壤微生物数量及土壤酶活性的影响［J］. 生态学报，36（18）：5876–5883.

何明珠，2010. 阿拉善高原荒漠植被组成分布特征及其环境解释 V. 一年生植物层片物种多样性及其分布特征［J］. 中国沙漠，30（3）：528–533.

何艳华，闫明，张钦弟，等，2013. 五鹿山国家级自然保护区物种多样性海拔格局［J］. 生态学报，33（8）：2452–2462.

贺金生，陈伟烈，李凌浩，1998. 中国中亚热带东部常绿阔叶林主要类型的群落多样性特征［J］. 植物生态学报，22（4）：303–311.

贺金生，陈伟烈，1997. 陆地植物群落物种多样性的梯度变化特征［J］. 生态学报，17（1）：91–99.

贺金生，王政权，方精云，2004．全球变化下的地下生态学：问题与展望［J］．科学通报，49（13）：1226–1233.

侯彦会，周广胜，许振柱，2013．基于红外增温的草地生态系统响应全球变暖的研究进展［J］．植物生态学报，37（12）：1153–1167.

胡光成，金晓媚，万力，等，2009．祁连山区植被生长与水热组合关系研究［J］．干旱区资源与环境，23（2）：17–20.

胡健，吕一河，傅伯杰，等，2017．祁连山排露沟流域土壤水热与降雨脉动沿海拔梯度变化［J］．干旱区研究，34（1）：151–160.

胡玉昆，李凯辉，阿德力·麦地，等，2007．天山南坡高寒草地海拔梯度上的植物多样性变化格局［J］．生态学杂志，26（2）：182–186.

胡中民，樊江文，钟华平，等，2005．中国草地地下生物量研究进展［J］．生态学杂志，24（9）：1095–1101.

黄玫，季劲钧，曹明奎，等，2006．中国区域植被地上与地下生物量模拟［J］．生态学报，26（12）：4156–4163.

黄晓霞，江源，刘全儒，等，2009．五台山高山、亚高山草甸植物种分布的环境梯度分析和种组划分［J］．草业科学，26（11）：12–18.

纪芙蓉，赵先贵，朱艳，2011．西安城市生态环境质量评价体系研究［J］．干旱区资源与环境，25（10）：48–51.

冀钦，杨建平，徐满厚，2018．山西吕梁山连片特困区现代农业发展水平综合评价［J］．中国人口·资源与环境，51（7）：54–59.

贾燕燕，徐满厚，马丽，2017．连片特困区经济贫困评价指标体系构建及其空间分析——以山西吕梁为例［J］．生产力研究（6）：75–78，83.

简尊吉，马凡强，郭泉水，等，2017．回归崖柏苗木存活和生长对海拔梯度的响应［J］．林业科学，53（11）：1–11.

江源，黄晓霞，刘全儒，等，2009．五台山高山、亚高山草甸植物多样性格局分析［J］．北京师范大学学报（自然科学版），45（1）：91–95.

江源，章异平，杨艳刚，等，2010．放牧对五台山高山、亚高山草甸植被–土壤系统耦合的影响［J］．生态学报，30（4）：837–846.

姜炎彬，范苗，张扬建，2017．短期增温对藏北高寒草甸植物群落特征的影响［J］．生态学杂志，36（3）：616–622.

焦翠翠，于贵瑞，何念鹏，等，2016. 欧亚大陆草原地上生物量的空间格局及其与环境因子的关系［J］. 地理学报，71（5）：781-796.

颉洪涛，何兴东，尤万学，等，2016. 哈巴湖国家级自然保护区油蒿群落生态化学计量特征对群落生物量和物种多样性的影响［J］. 生态学报，36（12）：3621-3627.

金少红，刘彤，庞晓攀，等，2017. 高原鼠兔干扰对青海湖流域高山嵩草草甸植物多样性及地上生物量的影响［J］. 草业学报，26（5）：29-39.

金云翔，2012. 基于"3S"技术的草原生物量与碳贮量遥感监测研究［D］. 北京：中国农业科学院.

孔冬梅，2010. 山西庞泉沟自然保护区木本植物区系研究［J］. 山西大学学报（自然科学版），33（1）：135-141.

拉琼，扎西次仁，朱卫东，等，2014. 雅鲁藏布江河岸植物物种丰富度分布格局及其环境解释［J］. 生物多样性，2（3）：337-347.

赖志斌，夏曙东，承继成，2000. 高分辨率遥感卫星数据在城市生态环境评价中的应用模型研究［J］. 地理科学进展，19（4）：359-365.

雷彩芳，上官铁梁，赵冰清，等，2014. 灵空山采伐干扰下油松林林间草地物种多样性分析［J］. 草业科学，31（11）：2060-2068.

雷淑慧，卢爱英，张先平，等，2009. 庞泉沟自然保护区森林群落物种多样性［J］. 生态学杂志，28（12）：2431-2436.

李斌，李素清，张金屯，2010. 云顶山亚高山草甸优势种群生态位研究［J］. 草业学报，19（1）：6-13.

李博，1993. 普通生态学［M］. 呼和浩特：内蒙古大学出版社.

李芬，王继军，2008. 黄土丘陵区纸坊沟流域近70年农业生态安全评价［J］. 生态学报，28（5）：2380-2388.

李海奎，法蕾，2011. 基于分级的全国主要树种树高-胸径曲线模型［J］. 林业科学，47（10）：83-90.

李晋鹏，郭东罡，张秋华，等，2008. 山西吕梁山南段植物群落的生态梯度［J］. 生态学杂志，27（11）：1841-1846.

李晋鹏，上官铁梁，郭东罡，等，2008. 山西吕梁山南段植物群落物种多样性与环境的关系［J］. 山地学报，26（5）：612-619.

李静怡，王艳慧，2014. 吕梁地区生态环境质量与经济贫困的空间耦合特征［J］. 应用生态学报，25（6）：1715–1724.

李军玲，张金屯，郭逍宇，2003. 关帝山亚高山灌丛草甸群落优势种群的生态位研究[J]. 西北植物学报，23（12）：2081–2088.

李凯辉，胡玉昆，王鑫，等，2007. 不同海拔梯度高寒草地地上生物量与环境因子关系[J]. 应用生态学报，18（9）：2019–2024.

李凯辉，王万林，胡玉昆，等，2008. 不同海拔梯度高寒草地地下生物量与环境因子的关系[J]. 应用生态学报，19（11）：2364–2368.

李利平，安尼瓦尔·买买提，王襄平，2011，新疆山地针叶林乔木胸径 – 树高关系分析[J]. 干旱区研究，28（1）：47–53.

李梦桃，周忠学，2016. 基于多维评价模型的都市农业多功能发展模式探究[J]. 中国生态农业学报，24（9）：1275–1284.

李铭红，宋瑞生，姜云飞，等，2008. 片断化常绿阔叶林的植物多样性[J]. 生态学报，28（3）：1137–1146.

李娜，王根绪，杨燕，等，2011. 短期增温对青藏高原高寒草甸植物群落结构和生物量的影响[J]. 生态学报，31（4）：895–905.

李素清，杨斌盛，张金屯，2007. 山西云顶山亚高山草甸优势种群和群落的格局分析[J]. 应用与环境生物学报，13（1）：9–13.

李素清，张金屯，2007. 山西云顶山亚高山草甸群落生态分析[J]. 地理研究，26（1）：83–90.

李素清，张金屯，上官铁梁，2005. 芦芽山亚高山草甸的数量分类与排序研究[J]. 西北植物学报，25（10）：2062–2067.

李锡文，1996. 中国种子植物区系统计分析[J]. 云南植物研究，18（4）：363–384.

李晓丽，徐满厚，孟万忠，等，2020. 模拟增温对云顶山亚高山草甸水热因子及群落结构的影响[J]. 生态学报，40（19）：6885–6896.

李艳萍，史利江，徐满厚，等，2019. 短期增温下青藏高原多年冻土区植物生长季土壤水分的动态变化[J]. 干旱区研究，36（3）：537–545.

李英年，赵亮，赵新全，等，2004. 5年模拟增温后矮嵩草草甸群落结构及生产量的变化[J]. 草地学报，12（3）：236–239.

李跃霞，上官铁梁，2007. 山西种子植物区系地理研究[J]. 地理科学，27（5）：724–729.

栗文瀚，干珠扎布，曹旭娟，等，2017. 海拔梯度对藏北高寒草地生产力和物种多样性的影响［J］. 草业学报，26（9）：200-207.

林敦梅，庞梅，赖江山，等，2017. 亚热带常绿阔叶林不同林层物种多样性与地上生物量的多变量关系［J］. 科学通报，62（17）：1861-1868.

林丽，张德罡，曹广民，等，2016. 高寒嵩草草甸植物群落数量特征对不同利用强度的短期响应［J］. 生态学报，36（24）：8034-8043.

刘方，王世杰，刘元生，等，2005. 喀斯特石漠化过程土壤质量变化及生态环境影响评价［J］. 生态学报，25（3）：639-644.

刘光生，王根绪，白炜，等，2012. 青藏高原沼泽草甸活动层土壤热状况对增温的响应［J］. 冰川冻土，34（3）：555-562.

刘国华，张洁瑜，张育新，等，2003. 岷江干旱河谷三种主要灌丛地上生物量的分布规律［J］. 山地学报，21（1）：24-32.

刘经伦，李洪潮，朱丽娟，等，2011. 植物区系研究进展［J］. 云南师范大学学报（自然科学版），31（3）：3-7.

刘晶，赵燕，张巧明，等，2016. 不同利用方式对豫西黄土丘陵区土壤微生物生物量及群落结构特征的影响［J］. 草业学报，25（8）：36-47.

刘敏，张潇月，李晓丽，等，2020. 黄土高原林下草地对模拟增温的短期响应［J］. 生态学报，40（17）：6009-6024.

刘明春，马兴祥，尹东，等，2001. 天祝草甸、草原草场植被生物量形成的气象条件及预测模型［J］. 草业科学，18（3）：65-67，69.

刘明光，刘莹，张峰，等，2011. 云顶山自然保护区植物群落的分类与排序［J］. 林业资源管理（4）：82-88.

刘庆，2000. 青海湖北岸环境梯度上植物群落的生物量与物种多样性及其相互关系［J］. 西北植物学报，20（2）：259-267.

刘伟，王长庭，赵建中，等，2010. 矮嵩草草甸植物群落数量特征对模拟增温的响应［J］. 西北植物学报，30（5）：995-1003.

刘兴良，史作民，杨冬生，等，2005. 山地植物群落生物多样性与生物生产力海拔梯度变化研究进展［J］. 世界林业研究，18（4）：27-34.

刘秀珍，张峰，张金屯，2008. 管涔山撂荒地植物群落演替过程中物种多样性研究［J］. 武汉植物学研究，26（4）：391-396.

刘洋，张健，杨万勤，2009．高山生物多样性对气候变化响应的研究进展［J］．生物多样性，17（1）：88-96.

刘洋，张一平，何大明，等，2007．纵向岭谷区山地植物物种丰富度垂直分布格局及气候解释［J］．科学通报（A02）：43-50.

刘增力，郑成洋，方精云，2004．河北小五台山北坡植物物种多样性的垂直梯度变化［J］．生物多样性，12（1）：137-145.

刘哲，李奇，陈懂懂，等，2015．青藏高原高寒草甸物种多样性的海拔梯度分布格局及对地上生物量的影响［J］．生物多样性，23（4）：451-462.

刘正佳，于兴修，李蕾，等，2011，基于SRP概念模型的沂蒙山区生态环境脆弱性评价［J］．应用生态学报，22（8）：2084-2090.

刘陕，黄奇，周延林，等，2014．毛乌素沙地油蒿生物量估测模型研究［J］．中国草地学报，36（4）：24-30.

柳妍妍，胡玉昆，王鑫，等，2013．天山南坡中段高寒草地物种多样性与生物量的垂直分异特征［J］．生态学杂志，32（2）：311-318.

卢爱英，张先平，王世裕，等，2011．干扰对云顶山亚高山草甸群落物种多样性的影响［J］．植物研究，31（1）：73-78.

卢慧，丛静，刘晓，等，2015．三江源区高寒草甸植物多样性的海拔分布格局［J］．草业学报，24（7）：197-204.

卢训令，胡楠，丁圣彦，等，2010．伏牛山自然保护区物种多样性分布格局［J］．生态学报，30（21）：5790-5798.

陆晴，吴绍洪，赵东升，2017．1982～2013年青藏高原高寒草地覆盖变化及与气候之间的关系［J］．地理科学，37（2）：292-300.

罗天祥，石培礼，罗辑，等，2002．青藏高原植被样带地上部分生物量的分布格局［J］．植物生态学报，26（6）：668-676.

罗黎鸣，苗彦军，武建双，等，2014．拉萨河谷山地灌丛草地物种多样性随海拔升高的变化特征［J］．草业学报，23（6）：320-326.

罗永开，方精云，胡会峰，2017．山西芦芽山14种常见灌木生物量模型及生物量分配［J］．植物生态学报，41（1）：115-125.

马安娜，于贵瑞，何念鹏，等，2014．中国草地植被地上和地下生物量的关系分析［J］．第四纪研究，34（4）：769-776.

马斌，周志宇，张莉丽，等，2008. 阿拉善左旗植物物种多样性空间分布特征［J］. 生态学报，28（12）：6099-6106.

马丽，徐满厚，贾燕燕，2017. 青藏高原北麓河地区植被生长季风速及风向的时空分布特征［J］. 贵州农业科学，45（6）：145-149.

马丽，徐满厚，翟大彤，等，2017. 高寒草甸植被-土壤系统对气候变暖响应的研究进展［J］. 生态学杂志，36（6）：1708-1717.

马丽，2018. 山西亚高山草甸植被物种多样性和生物量的空间格局及其对模拟增温的响应［D］. 晋中：太原师范学院.

马丽，徐满厚，周华坤，等，2018. 山西亚高山草甸植被生物量的地理空间分布［J］. 生态学杂志，37（8）：2244-2253.

马荣华，胡孟春，2001. 基于 RS 与 GIS 的自然生态环境评价——以海南岛为例［J］. 热带地理，21（3）：198-201.

马维玲，石培礼，李文华，等，2010. 青藏高原高寒草甸植株性状和生物量分配的海拔梯度变异［J］. 中国科学：生命科学，40（6）：533-543.

马文红，方精云，2006. 内蒙古温带草原的根冠比及其影响因素［J］. 北京大学学报（自然科学版），42（6）：773-778.

马文红，杨元合，贺金生，等，2008. 内蒙古温带草地生物量及其与环境因子的关系［J］. 中国科学（C 辑：生命科学），38（1）：84-92.

马子清，2001. 山西植被［M］. 北京：中国科学技术出版社.

马祖琦，尹怀庭，2001. 陕西省粮食单产影响因子分析及粮食灾损评估［J］. 经济地理，21（6）：731-735.

孟龙飞，张钦弟，闫明，等，2012. 山西五鹿山国家自然保护区种子植物区系研究［J］. 山西师范大学学报（自然科学版），26（2）：66-72.

穆志新，郝晓鹏，秦慧彬，等，2016，山西省干旱地区农作物种质资源普查与分析［J］. 植物遗传资源学报，17（4）：637-648.

牛书丽，韩兴国，马克平，等，2007. 全球变暖与陆地生态系统研究中的野外增温装置［J］. 植物生态学报，31（2）：262-271.

牛钰杰，杨思维，王贵珍，等，2017. 放牧干扰下高寒草甸物种多样性指数评价与选择［J］. 应用生态学报，28（6）：1824-1832.

牛钰杰，周建伟，杨思维，等，2017. 基于地形因素的高寒草甸土壤温湿度和物种多样性与初级生产力关系研究 [J]. 生态学报, 37 (24): 8314-8325.

裴顺祥, 郭泉水, 贾渝彬, 等, 2015. 保定市 8 种乔灌木开花始期对气候变化响应的积分回归分析 [J]. 北京林业大学学报, 37 (7): 11-18.

彭建, 王仰麟, 张源, 等, 2004. 滇西北生态脆弱区土地利用变化及其生态效应——以云南省永胜县为例 [J]. 地理学报, 59 (4): 629-638.

朴世龙, 方精云, 贺金生, 等, 2004. 中国草地植被生物量及其空间分布格局 [J]. 植物生态学报, 28 (4): 491-498.

朴世龙, 张宪洲, 汪涛, 等, 2019, 青藏高原生态系统对气候变化的响应及其反馈 [J]. 科学通报, 64 (27): 2842-2855.

齐红, 罗微, 孙亚娟, 等, 2013. 松嫩草原羊草种群数量特征对增温和施氮的响应 [J]. 东北师范大学学报 (自然科学版), 45 (2): 112-117.

祁新华, 林荣平, 程煜, 等, 2013. 贫困与生态环境相互关系研究述评 [J]. 地理科学, 33 (12): 1498-1505.

祁新华, 叶士琳, 程煜, 等, 2013. 生态脆弱区贫困与生态环境的博弈分析 [J]. 生态学报, 33 (19): 6411-6417.

乔宇鑫, 朱华忠, 钟华平, 等, 2016. 内蒙古草地地下生物量空间格局分析 [J]. 草业学报, 25 (6): 1-12.

秦大河, THOMAS STOCKER, 2014. IPCC 第五次评估报告第一工作组报告的亮点结论 [J]. 气候变化研究进展, 10 (1): 1-6.

秦浩, 董刚, 张峰, 2015. 山西植物功能型划分及其空间格局 [J]. 生态学报, 35 (2): 396-408.

秦瑞敏, 温静, 张世雄, 等, 2020. 模拟增温对青藏高原高寒草甸土壤 C、N、P 化学计量特征的影响 [J]. 干旱区研究, 37 (4): 908-916.

邱丽氛, 谢树莲, 1996. 山西省管涔山林区苔藓植物区系的研究 [J]. 植物研究, 16 (3): 310-314.

邱杨, 张金屯, 2000. DCCA 排序轴分类及其在关帝山八水沟植物群落生态梯度分析中的应用 [J]. 生态学报, 20 (2): 199-206.

曲波, 苗艳明, 张钦弟, 等, 2012. 山西五鹿山植物物种多样性及其海拔梯度格局 [J]. 植物分类与资源学报, 34 ((4): 376-382.

权国玲, 尚占环, 2015. 中国草地生态系统模拟增温实验的综合比较 [J]. 生态学杂志,

34（4）：1166–1173.

茹文明，张峰，2000. 山西五台山种子植物区系分析［J］. 植物研究，20（1）：36–47.

沙威，董世魁，刘世梁，等，2016. 阿尔金山自然保护区植物群落生物量和物种多样性的空间格局及其影响因素［J］. 生态学杂志，35（2）：330–337.

上官铁梁，张峰，1991. 云顶山植被及其垂直分布研究［J］. 山地研究，9（1）：19–26.

上官铁梁，张峰，张龙胜，等，2000. 山西湿地维管植物区系多样性研究［J］. 植物研究，20（3）：275–281.

上官铁梁，张峰，1989. 云顶山虎榛子灌丛群落学特性及生物量［J］. 山西大学学报（自然科学版），12（3）：347–354.

沈振西，孙维，李少伟，等，2015. 藏北高原不同海拔高度高寒草甸植被指数与环境温湿度的关系［J］. 生态环境学报，24（10）：1591–1598.

石福孙，吴宁，罗鹏，2008. 川西北亚高山草甸植物群落结构及生物量对温度升高的响应［J］. 生态学报，28（11）：5286–5293.

石福孙，吴宁，吴彦，等，2009. 模拟增温对川西北高寒草甸两种典型植物生长和光合特征的影响［J］. 应用与环境生物学报，15（6）：750–755.

石福孙，吴宁，吴彦，2010. 川西北高寒草地3种主要植物的生长及物质分配对温度升高的响应［J］. 植物生态学报，34（5）：488–497.

石敏俊，王涛，2005. 中国生态脆弱带人地关系行为机制模型及应用［J］. 地理学报，60（1）：165–174.

孙菊，李秀珍，胡远满，等，2009. 大兴安岭沟谷冻土湿地植物群落分类、物种多样性和物种分布梯度［J］. 应用生态学报，20（9）：2049–2056.

孙永秀，严成，徐海量，等，2017. 受损矿区草原群落物种多样性和地上生物量对覆土厚度的响应［J］. 草业学报，26（1）：54–62.

谭珊珊，王忍忍，龚筱羚，等，2017. 群落物种及结构多样性对森林地上生物量的影响及其尺度效应：以巴拿马BCI样地为例［J］. 生物多样性，25（10）：1054–1064.

唐婷，李超，张雷，等，2014. 江苏省区域农业生态经济的时空变异分析［J］. 生态学报，34（14）：4025–4036.

唐志尧，方精云，2004. 植物物种多样性的垂直分布格局［J］. 生物多样性，12（1）：20–28.

滕崇德，1985．山西种子植物属的地理分布初探［J］．运城学院学报（4）：1-10．

田海芬，刘华民，王炜，等，2014．大青山山地植物区系及生物多样性研究［J］．干旱区资源与环境，28（8）：172-177．

田平，程小琴，韩海荣，等，2017．环境因子对山西太岳山典型森林类型物种多样性及其功能多样性的影响［J］．西北植物学报，37（5）：992-1003．

仝莉棉，曾彪，王鑫，2016．2000—2012年山西省不同植被类型物候变化及其对气候变化的响应［J］．水土保持研究，23（2）：194-200．

王晨晨，王珍，张新杰，等，2014．增温对荒漠草原植物群落组成及物种多样性的影响［J］．生态环境学报，23（1）：43-49．

王荷生，1992．植物区系地理［M］．北京：科学出版社．

王继军，姜志德，连坡，等，2009．70年来陕西省纸坊沟流域农业生态经济系统耦合态势［J］．生态学报，29（9）：5130-5137．

王晶，张钦弟，许强，等，2016．山西庞泉沟银露梅群落物种多样性的海拔格局［J］．植物学报，51（3）：335-342．

王静璞，刘连友，贾凯，等，2015．毛乌素沙地植被物候时空变化特征及其影响因素［J］．中国沙漠，35（3）：624-631．

王力，李凤霞，周万福，等，2012．气候变化对不同海拔高山嵩草物候期的影响［J］．草业科学，29（8）：1256-1261．

王丽丽，毕润成，闫明，等，2012．山西五鹿山白皮松群落乔灌层的种间分离［J］．生态学报，32（17）：5494-5501．

王亮，牛克昌，杨元合，等，2010．中国草地生物量地上－地下分配格局：基于个体水平的研究［J］．中国科学：生命科学，40（7）：642-649．

王璐，上官铁梁，鹿宝莲，等，2014．山西省自然保护区湿地植物群落物种多样性研究［J］．山西大学学报（自然科学版），37（2）：316-324．

王敏，苏永中，杨荣，2013．黑河中游荒漠草地地上和地下生物量的分配格局［J］．植物生态学报，37（3）：209-219．

王谋，李勇，白宪洲，等，2004．全球变暖对青藏高原腹地草地资源的影响［J］．自然资源学报，19（3）：331-336．

王谋，李勇，黄润秋，等，2005．气候变暖对青藏高原腹地高寒植被的影响［J］．生态学报，25（6）：1275-1281．

王瑞燕，赵庚星，周伟，等，2009．县域生态环境脆弱性评价及其动态分析——以黄河
　　三角洲垦利县为例［J］．生态学报，29（7）：3790-3799．

王世昌，2011．云顶山亚高山草甸物种多样性研究［J］．山西林业科技，40（3）：17-
　　19，23．

王晓莉，常禹，陈宏伟，等，2014．黑龙江省大兴安岭森林生物量空间格局及其影响因
　　素［J］．应用生态学报，25（4）：974-982．

王晓云，宜树华，秦彧，等，2014．增温对疏勒河上游流域高寒草地物候期的影响［J］．
　　兰州大学学报（自然科学版），50（6）：864-870．

王艳慧，李静怡，2015．连片特困区生态环境质量与经济发展水平耦合协调性评价［J］．
　　应用生态学报，26（5）：1519-1530．

王杨，徐文婷，熊高明，等，2017．檵木生物量分配特征［J］．植物生态学报，41（1）：
　　105-114．

王莺，王静，姚玉璧，等，2014．基于主成分分析的中国南方干旱脆弱性评价［J］．生
　　态环境学报，23（12）：1897-1904．

王誉陶，毕玉婷，王倩，等，2018．山西亚高山草甸植物群落物种多样性的空间分异
　　［J］．中国农学通报，34（18）：77-83．

王长庭，龙瑞军，丁路明，等，2005．草地生态系统中物种多样性、群落稳定性和生态
　　系统功能的关系［J］．草业科学，22（6）：1-7．

王长庭，王启基，龙瑞军，等，2004．高寒草甸群落植物多样性和初级生产力沿海拔梯
　　度变化的研究［J］．植物生态学报，28（2）：240-245．

王志恒，唐志尧，方精云，2009．生态学代谢理论：基于个体新陈代谢过程解释物种多
　　样性的地理格局［J］．生物多样性，17（6）：625-634．

王志恒，唐志尧，方精云，2009．物种多样性地理格局的能量假说［J］．生物多样性，
　　17（6）：613-624．

王治中，安文山，2010．关帝山植物志［M］．北京：中国林业出版社．

魏晶，吴钢，邓红兵，2004．长白山高山冻原植被生物量的分布规律［J］．应用生态学
　　报，15（11）：1999-2004．

魏志成，2016．不同类型草地地上生物量空间分布格局的研究［D］．咸阳：西北农林科
　　技大学．

温静，张世雄，杨晓艳，等，2019．青藏高原高寒草地物种多样性的海拔梯度格局及其

对模拟增温的响应〔J〕.农学学报，9（4）：66–73.

吴凯，谢贤群，2002.黄淮海平原化肥用量的时间序列分析及其对农业发展的正负效应〔J〕.农业环境保护，21（6）：516–518，523.

吴征镒，1980.中国植被〔M〕.北京：科学出版社.

武建双，李晓佳，沈振西，等，2012.藏北高寒草地样带物种多样性沿降水梯度的分布格局〔J〕.草业学报，21（3）：17–25.

武俊智，上官铁梁，张婕，等，2007.旅游干扰对马仑亚高山草甸植物物种多样性的影响〔J〕.山地学报，25（5）：534–540.

武倩，韩国栋，王瑞珍，等，2016.模拟增温对草地植物、土壤和生态系统碳交换的影响〔J〕.中国草地学报，38（4）：105–114.

向春玲，张金屯，2009.东灵山亚高山草甸物种多样性变化及其影响因子〔J〕.北京师范大学学报（自然科学版），45（3）：275–278.

谢晋阳，陈灵芝，1994.暖温带落叶阔叶林的物种多样性特征〔J〕.生态学报，14（4）：337–344.

徐浩杰，杨太保，2013.近13a来黄河源区高寒草地物候的时空变异性〔J〕.干旱区地理，36（3）：467–474.

徐满厚，白皓宇，冀钦，等，2016.山西吕梁山植被群落多样性的纬度变化〔J〕.价值工程，35（20）：198–202.

徐满厚，杜荣，杨晓辉，等，2021.管涔山林下草本层植物对模拟增温的响应〔J〕.中国野生植物资源，40（10）：45–52.

徐满厚，贾燕燕，张潇月，等，2018.山西吕梁连片特困区农业经济发展评价及其时空分布特征〔J〕.农学学报，8（5）：73–80.

徐满厚，李晓丽，2021.基于物种多样性与生物量关系的草地群落稳定性对全球变暖的响应研究进展〔J〕.西北植物学报，41（2）：348–358.

徐满厚，刘敏，薛娴，等，2015.增温、刈割对高寒草甸地上植被生长的影响〔J〕.生态环境学报，24（2）：231–236.

徐满厚，刘敏，薛娴，等，2015.增温、刈割对高寒草甸植被物种多样性和地下生物量的影响〔J〕.生态学杂志，34（9）：2432–2439.

徐满厚，刘敏，翟大彤，等，2016.模拟增温对青藏高原高寒草甸根系生物量的影响〔J〕.生态学报，36（21）：6812–6822.

徐满厚，刘敏，翟大彤，等，2016. 青藏高原高寒草甸生物量动态变化及与环境因子的关系——基于模拟增温实验［J］.生态学报，36（18）：5759-5767.

徐满厚，刘敏，翟大彤，等，2016. 植物种间联结研究内容与方法评述［J］.生态学报，36（24）：8224-8233.

徐满厚，马丽，白皓宇，等，2017. 山西吕梁山植被群落多样性的垂直空间分异［J］.江苏农业科学，45（12）：256-260.

徐满厚，温静，张世雄，等，2017. 模拟增温下青藏高原高寒草甸根系生物量数据集［J］.全球变化数据学报，1（4）：475-480.

徐满厚，薛娴，2012. 气候变暖对陆地植被 - 土壤生态系统的影响研究［J］.生命科学，24（5）：492-500.

徐满厚，薛娴，2013. 气候变暖对高寒地区植物生长与物候影响分析［J］.干旱区资源与环境，27（3）：137-141.

徐满厚，薛娴，2013. 青藏高原高寒草甸夏季植被特征及对模拟增温的短期响应［J］.生态学报，33（7）：2071-2083.

徐满厚，薛娴，2013. 青藏高原高寒草甸植被特征与温度、水分因子关系［J］.生态学报，33（10）：3158-3168.

徐满厚，杨晓辉，杜荣，等，2021. 增温改变高寒草甸植物群落异速生长关系［J］.草业科学，38（4）：618-629.

徐满厚，杨晓艳，张潇月，等，2018. 山西吕梁连片特困区生态环境质量评价及其经济贫困的时空分布特征［J］.江苏农业科学，46（6）：304-309.

徐满厚，2017. 高寒 - 荒漠脆弱区植被生态效应研究［M］.北京：中国环境出版社.

徐满厚，2019. 山西吕梁山区生态环境与经济贫困综合研究［M］.北京：中国环境出版集团.

徐满厚，2021. 山西吕梁山区草地群落结构的地理空间格局及对气候变暖的响应［M］.北京：海洋出版社.

徐振锋，胡庭兴，李小艳，等，2009. 川西亚高山采伐迹地草坡群落对模拟增温的短期响应［J］.生态学报，29（6）：2899-2905.

徐振锋，胡庭兴，张力，等，2010. 青藏高原东缘林线交错带糙皮桦幼苗光合特性对模拟增温的短期响应［J］.植物生态学报，34（3）：263-270.

闫文德，田大伦，2006. 樟树人工林小气候特征研究［J］.西北林学院学报（2）：30-34.

杨崇曜，李恩贵，陈慧颖，等，2017. 内蒙古西部自然植被的物种多样性及其影响因素［J］. 生物多样性，25（12）：1303-1312.

杨丽霞，任广鑫，韩新辉，等，2014. 黄土高原退耕区不同林龄刺槐林下草本植物的多样性［J］. 西北农业学报，23（7）：172-178.

杨丽霞，杨桂山，姚士谋，等，2012. 基于ESDA-GWR的粮食单产及其驱动因子的空间异质性研究［J］. 经济地理，32（6）：120-126.

杨利民，周广胜，李建东，2002. 松嫩平原草地群落物种多样性与生产力关系的研究［J］. 植物生态学报，26（5）：589-593.

杨婷婷，高永，吴新宏，等，2013. 小针茅草原植被地下与地上生物量季节动态及根冠比变化规律［J］. 干旱区研究，30（1）：109-114.

杨晓艳，秦瑞敏，张世雄，等，2020. 山西吕梁山草本群落对模拟增温的响应及与环境因子的关系［J］. 西南农业学报，33（6）：1291-1300.

杨晓艳，张世雄，温静，等，2018. 吕梁山森林群落草本层植物物种多样性的空间格局及其对模拟增温的响应［J］. 生态学报，38（18）：6642-6654.

杨秀静，黄玫，王军邦，等，2013. 青藏高原草地地下生物量与环境因子的关系［J］. 生态学报，33（7）：2032-2042.

杨月娟，周华坤，姚步青，等，2015. 长期模拟增温对矮嵩草草甸土壤理化性质与植物化学成分的影响［J］. 生态学杂志，34（3）：781-789.

杨兆平，欧阳华，宋明华，等，2010. 青藏高原多年冻土区高寒植被物种多样性和地上生物量［J］. 生态学杂志，29（4）：617-623.

姚静，陈金强，辛晓平，等，2017. 复合微生物肥料对羊草草原植物群落物种多样性和生物量的影响［J］. 草业学报，26（10）：108-117.

于贵瑞，何洪林，周玉科，2018. 大数据背景下的生态系统观测与研究［J］. 中国科学院院刊，33（8）：832-837.

余欣超，姚步青，周华坤，等，2015. 青藏高原两种高寒草甸地下生量及其碳分配对长期增温的响应差异［J］. 科学通报，60（4）：379-388.

宇万太，于永强，2001. 植物地下生物量研究进展［J］. 应用生态学报，12（6）：927-932.

袁建英，张金屯，席跃翔，等，2004. 山西关帝山亚高山灌丛、草甸物种多样性的研究［J］. 草业学报，13（3）：34-39.

袁蕾, 周华荣, 宗召磊, 等, 2014. 乌鲁木齐地区典型灌木群落结构特征及其多样性研究 [J]. 西北植物学报, 34 (3): 595-603.

岳建英, 李晋川, 郭春燕, 等, 2012. 山西汾河源头地区种子植物区系地理成分分析 [J]. 植物科学学报, 30 (4): 374-384.

詹前涌, 2000. 层次模糊决策法及其在生态环境评价中的应用 [J]. 系统工程理论与实践 (12): 133-136.

张翠景, 贺纪正, 沈菊培, 2016. 全球变化野外控制试验及其在土壤微生物生态学研究中的应用 [J]. 应用生态学报, 27 (5): 1663-1673.

张东, 钞然, 万志强, 等, 2018. 模拟增温增雨对典型草原优势种羊草功能性状的影响 [J]. 草业科学, 35 (8): 1919-1928.

张峰, 上官铁梁, 郑凤英, 1998. 山西关帝山种子植物区系研究 [J]. 植物研究, 18 (1): 20-27.

张峰, 上官铁梁, 1991. 关帝山黄刺玫灌丛群落结构与生物量的研究 [J]. 武汉植物学研究, 9 (3): 247-252.

张峰, 上官铁梁, 1992. 关帝山华北落叶松林的群落学特征和生物量 [J]. 山西大学学报 (自然科学版), 15 (1): 72-77.

张桂萍, 张峰, 茹文明, 等, 2005. 旅游干扰对历山亚高山草甸优势种群种间相关性的影响 [J]. 生态学报, 25 (11): 2868-2874.

张金屯, 1990. 山西植物地理初步研究 [J]. 山西大学学报 (自然科学版) (1): 78-86.

张金屯, 2005. 芦芽山亚高山草甸优势种群和群落的二维格局分析 [J]. 生态学报, 25 (6): 1264-1268.

张丽霞, 张峰, 上官铁梁, 2000. 芦芽山植物群落的多样性研究 [J]. 生物多样性, 8 (4): 361-369.

张丽霞, 张峰, 上官铁梁, 2001. 芦芽山植物群落种间关系的研究 [J]. 西北植物学报, 21 (6): 1085-1091.

张沛沛, 上官铁梁, 张峰, 等, 2007. 山西中条山混沟原始森林植物区系和资源研究 [J]. 武汉植物学研究, 25 (1): 29-35.

张世雄, 秦瑞敏, 杨晓艳, 等, 2020. 山西吕梁山草本群落物种多样性的海拔梯度格局及与环境因子的关系 [J]. 广西植物, 40 (12): 1860-1868.

张世雄，杨晓艳，温静，等，2018. 山西吕梁山亚高山草甸物种多样性的时空变化格局
　　[J].生态学报，38（18）：6685-6693.

张仕豪，熊康宁，张俞，等，2019. 不同等级石漠化地区植物群落物种多样性及优势种
　　叶片性状对环境因子的响应[J].广西植物，39（8）：1069-1080.

张先平，王孟本，佘波，等，2006. 庞泉沟国家自然保护区森林群落的数量分类和排序
　　[J].生态学报，26（3）：754-761.

张新时，1993. 研究全球变化的植被－气候分类系统[J].第四纪研究，45（2）：157-
　　169.

张彦平，马非，2007. 黄土高原丘陵区不同植被恢复措施下草地植物群落物种多样性的
　　研究[J].黑龙江生态工程职业学院学报，20（1）：8-10.

章异平，江源，刘全儒，等，2011. 放牧对五台山高山、亚高山草甸牧草品质的影响
　　[J].生态学报，31（13）：3659-3667.

赵冰清，郭东罡，刘卫华，等，2011. 管涔山寒温性针叶林下灌草层植物种间关系研究
　　[J].安徽农业科学，39（30）：18668-18671.

赵洁，李伟，井光花，等，2017. 黄土区封育和放牧草地物种多样性和地上生物量对氮
　　素添加的响应[J].草业学报，26（8）：54-64.

赵丽，朱永明，付梅臣，等，2012. 主成分分析法和熵值法在农村居民点集约利用评价
　　中的比较[J].农业工程学报，28（7）：235-242.

赵丽娅，高丹丹，熊炳桥，等，2017. 科尔沁沙地恢复演替进程中群落物种多样性与地
　　上生物量的关系[J].生态学报，37（12）：4108-4117.

赵鸣飞，王宇航，左婉怡，等，2016. 内蒙古草原生物量和地下生产力空间格局及其关
　　键影响因子[J].生态学杂志，35（1）：95-103.

赵鸣飞，薛峰，王宇航，等，2017. 山西芦芽山针叶林草本层群落谱系结构与多样性的
　　海拔格局[J].植物生态学报，41（7）：707-715.

赵淑清，方精云，宗占江，等，2004. 长白山北坡植物群落组成、结构及物种多样性的
　　垂直分布[J].生物多样性，12（1）：164-173.

赵同谦，欧阳志云，郑华，等，2004.草地生态系统服务功能分析及其评价指标体系
　　[J].生态学杂志，23（6）：155-160.

赵溪，李君剑，李洪建，2010. 关帝山不同植被恢复类型对土壤碳、氮含量及微生物数
　　量的影响[J].生态学杂志，29（11）：2102-2110.

赵新全，陈世龙，曹广民，等，2003. 青藏高原高寒草甸生态系统与全球气候变化的相互作用机理研究［J］. 科技和产业，3（8）：51-59.

郑成洋，方精云，2004. 福建黄岗山东南坡气温的垂直变化［J］. 气象学报，62（2）：251-255.

郑元润，1998. 大青沟森林植物群落物种多样性研究［J］. 生物多样性，6（3）：191-196.

钟理，杨春燕，左相兵，等，2010. 中国植物区系研究进展［J］. 草业与畜牧（9）：6-9.

周红章，于晓东，罗天宏，等，2000. 物种多样性变化格局与时空尺度［J］. 生物多样性，8（3）：325-336.

周华坤，周兴民，赵新全，2000. 模拟增温效应对矮嵩草草甸影响的初步研究［J］. 植物生态学报，24（5）：547-553.

周金星，易作明，李冬雪，等，2007. 青藏铁路沿线原生植被多样性分布格局研究［J］. 水土保持学报，21（3）：173-177，187.

朱桂丽，李杰，魏学红，等，2017. 青藏高寒草地植被生产力与生物多样性的经度格局［J］. 自然资源学报，32（2）：210-222.

朱丽，徐贵青，李彦，等，2017. 物种多样性及生物量与地下水位的关系——以海流兔河流域为例［J］. 生态学报，37（6）：1912-1921.

朱晓磊，辛存林，卢李朋，等，2014. 山西省粮食生产的时空变化和驱动因子分析［J］. 中国农学通报，30（8）：82-88.

宗宁，柴曦，石培礼，等，2016. 藏北高寒草甸群落结构与物种组成对增温与施氮的响应［J］. 应用生态学报，27（12）：3739-3748.

左家甫，1993. 植物区系基本特征的参数综合表达［J］. 武汉植物学研究，11（4）：300-305.

ABRAMS P A，1995. Monotonic or unimodal diversity productivity gradients：what does competition theory predict［J］. Ecology，76：2019-2027.

ADLER P B，SEABIOOM E W，BORER E T，et al.，2011. Productivity is a poor predictor of plant species richness［J］. Science，333（6050）：1750-1753.

ALI A，SANAEI A，LI MS，et al.，2020. Impacts of climatic and edaphic factors on the diversity，structure and biomass of species-poor and structurally-complex forests［J］. Science of the Total

Environment，706：135719.

ALI A，YAN E R，CHEN H Y H，et al.，2016. Stand structural diversity rather than species diversity enhances aboveground carbon storage in secondary subtropical forests in Eastern China ［J］. Biogeosciences，13（16）：4627–4635.

BACHMAN S，BAKER W J，BRUMMITT N，et al.，2004. Elevational gradients，area and tropical island diversity：an example from the palms of New Guinea［J］. Ecography，27：299–310.

BAI Y F，HAN X G，WU J G，et al.，2004. Ecosystem stability and compensatory effects in the Inner Mongolia grassland［J］. Nature，431（9）：181–184.

BAI Y F，WU J G，PAN Q M，et al.，2007. Positive linear relationship between productivity and diversity：evidence from the Eurasian Steppe［J］. Journal of Applied Ecology，44（5）：1023–1034.

BAI Y F，WU J G，XING Q，et al.，2008. Primary production and rain use efficiency across a precipitation gradient on the Mongolia plateau［J］. Ecology，89（8）：2140–2153.

BEIER C，EMMETT B，GUNDERSEN P，et al.，2004. Novel approaches to study climate change effects on terrestrial ecosystems in the field：drought and passive nighttime warming［J］. Ecosystems，7：583–597.

BRAAKHEKKE W G，HOOFTMAN D A P，1999. The resource balance hypothesis of plant species diversity in grassland［J］. Journal of Vegetation Science，10：187–200.

BRACKEN M E S，DOUGLASS J G，PERINI V，et al.，2017. Spatial scale mediates the effects of biodiversity on marine primary producers［J］. Ecology，98（5）：1434–1443.

BRIEN E M，FIELD R，WHITTAKER R J，2000. Climatic gradients in woody plant（tree and shrub）diversity：water–energy dynamics，residual variation，and topography［J］. Oikos，89（3）：588–600.

CARDINALE B J，SRIVASTAVA D S，DUFFY J E，et al.，2006. Effects of biodiversity on the functioning of trophic groups and ecosystems［J］. Nature，443（7114）：989–992.

CARLYLE C N，FRASER L H，TURKINGTON R，2014. Response of grassland biomass production to simulated climate change and clipping along an elevation gradient［J］. Oecologia，174：1065–1073.

CARNICER J，SARDANS J，STEFANESCU C，et al.，2015. Global biodiversity， stoichiometry and ecosystem function responses to human-induced C-N-P imbalances [J] . Journal of Plant Physiology, 172: 82-91.

CHAPIN F S, SHAVER G R, 1985. Individualistic growth response of tundra plant species to enviromental manipulations in the field [J] . Ecology, 66: 564-576.

CHE R X, WANG S P, WANG Y F, et al., 2019. Total and active soil fungal community profiles were significantly altered by six years of warming but not by grazing [J] . Soil Biology and Biochemistry, 139: 107611.

CHEN D M, CHENG J H, CHU P F, et al., 2016. Effect of diversity on biomass across grasslands on the Mongolian Plateau: contrasting effects between plants and soil nematodes [J] . Journal of Biogeography, 43 (5): 955-966.

CHEN J, LUO Y Q, XIA J Y, et al., 2017. Warming effects on ecosystem carbon fluxes are modulated by plant functional types [J] . Ecosystems, 20: 515-526.

CHEN L Y, LIU L, QIN S Q, et al., 2019. Regulation of priming effect by soil organic matter stability over a broad geographic scale [J] . Nature Communications, 10: 5112.

CHEN L, SWENSON N G, JI NN, et al., 2019. Differential soil fungus accumulation and density dependence of trees in a subtropical forest [J] . Science, 366: 124-128.

CHEN Q L, DING J, ZHU D, et al., 2020. Rare microbial taxa as the major drivers of ecosystem multifunctionality in long-term fertilized soils [J] . Soil Biology and Biochemistry, 141: 107686.

COATES M A, 1998. Comparison of intertidal assemblages on exposed and sheltered tropical and temperate rocky shores [J] . Global Ecology and Biogeography, 7 (2): 115-125.

COLWELL R K, LEES D C, 2000. The mid-domain effect: geometric constraints on the geography of species richness [J] . Trends in Ecology and Evolution, 15 (2): 70-76.

COLWELL R K, RAHBEK C, GOTELLI N J, 2004. The mid-domain effect and species richness patterns: what have we learned so far? [J]. American Naturalist, 163: E1-E23.

CONDIT R, PITMAN N, LEIGH E G, et al., 2002. Beta-diversity in tropical forest trees [J] . Science, 295: 666-669.

CROWTHER T W, VAN DEN HOOGEN J, WAN J, et al., 2019. The global soil community and its influence on biogeochemistry [J] . Science, 365 (6455) .

CURRIE D J, MITTELBACH G G, CORNELL H V, et al., 2004. Predictions and tests of climate-based hypotheses of broad-scale variation in taxonomic richness [J] . Ecology Letters, 7 (12): 1121–1134.

SILVA F K G, FARIA LOPES S, LOPEZ L C S, et al., 2014. Patterns of species richness and conservation in the Caatinga along elevational gradients in a semiarid ecosystem [J] . Journal of Arid Environments, 110: 47–52.

DAI L C, KE X, GUO X W, et al., 2019. Responses of biomass allocation across two vegetation types to climate fluctuations in the northern Qinghai-Tibet Plateau [J] . Ecology and Evolution, 9: 6105–6115.

DAMSCHEN E I, BRUDVIG L A, BURT M A, et al., 2019. Ongoing accumulation of plant diversity through habitat connectivity in an 18-year experiment [J] . Science, 365: 1478–1480.

REED D, 2002. Poverty and the environment: can unsustainable development survive globalization? [J] . Natural Resources Forum, 26 (3): 176–184.

DECLERCK S, VANDEKERKHOVE J, JOHANSSON L, et al., 2005. Multi-group biodiversity in shallow lakes along gradients of phosphorus and water plant cover [J] . Ecology, 86 (7): 1905–1915.

DENG H B, HAO Z Q, WANG Q L, 2001. The changes of co-possession of plant species between communities with altitudes on northern slope of Changbai Mountain [J] . Journal of Forestry Research, 12 (2): 89–92.

DOLEZAL J, SRUTEK M, 2002. Altitudinal changes in composition and structure of mountain temperate vegetation: a case study from the Western Carpathians [J] . Plant Ecology, 158 (2): 201–221.

DORJI T, MOE S R, KLEIN J A, et al., 2014. Plant species richness, evenness, and composition along environmental gradients in an alpine meadow grazing ecosystem in central Tibet, China [J] . Arctic Antarctic and Alpine Research, 46 (2): 308–326.

DU G Z, QIN G L, LI Z Z, et al., 2003. Relationship between species richness and productivity in an alpine meadow plant community [J] . Acta Phytoecological Sinica, 27 (1): 125–132.

DUNCANSON L I, DUBAYAH R O, ENQUIST B J, 2015. Assessing the general patterns of forest structure: quantifying tree and forest allometric scaling relationships in the United

States[J]. Global Ecology and Biogeography, 24 (12): 1465–1475.

EMMETT B A, BEIER C, ESTIARTE M, et al., 2004. The response of soil processes to climate chang: results from manipulation studies of shrublands across an environmental gradient[J]. Ecosystems, 7: 625–637.

FABBRO T, KORNER C, 2004. Altitudinal differences in flower traits and reproductive allocation[J]. Flora, 199 (12): 70–81.

FRASER L H, PITHER J, JENTSCH A, et al., 2015. Worldwide evidence of a unimodal relationship between productivity and plant species richness [J]. Science, 349 (6245): 302–305.

GAO Q Z, LI Y, WAN Y F, et al., 2009. Dynamics of alpine grassland NPP and its response to climate change in northern Tibet[J]. Climatic Change, 97 (3): 515–528.

GAO T, XU B, YANG X C, et al., 2013. Using MODIS time series data to estimate aboveground biomass and its spatio–temporal variation in Inner Mongolia's grassland between 2001 and 2011[J]. International Journal of Remote Sensing, 34 (21): 7796–7810.

GASTON K J, DAVIES R G, ORME C D L, et al., 2007. Spatial turnover in the global avifauna [J]. Proceedings of the Royal Society B: Biological Sciences, 274 (1618): 1567–1574.

GASTON K J, 2000. Global patterns in biodiversity[J]. Nature, 405: 220–227.

GENTRY A H, 1988. Changes in plant community diversity and floristic composition on environmental and geographical gradients [J]. Annals of the Missouri Botanical Garden, 75 (1): 1–34.

GIVNISH T J, 1987. Comparative stuies of leaf form: assessing the relative roles of selective pressures and phylogenetic constraints[J]. New Phytologist, 106 (1): 131–160.

GLENN–LEWIN D C, 1977. Species diversity in the North American temperate forests[J]. Vegetatio, 33: 153–162.

GODFRAY H C J, LAWTON J H, 2001. Scale and species numbers[J]. Trends in Ecology and Evolution, 16 (7): 400–404.

GOUGH L, GRACE J B, TAYLOR K L, 1994. The relationship between species richness and community biomass: the importanceof environmental variables[J]. Oikos, 70: 271–279.

GRABHERR G, GOTTFRIED M, PAULL H, 1994. Climate effects on mountain plants[J].

Nature, 369（6480）：448.

GRACE J B, ANDERSON T M, SEABLOOM E W, et al., 2016. Integrative modelling reveals mechanisms linking productivity and plant species richness［J］. Nature, 529（7586）：390–393.

GREEN J, 1994. The temperate–tropical gradient of planktonic protozoa and rotifera［J］. Hydrobiologia, 272（1）：13–26.

GREENSLADE P J M, GREENSLADE P, 1997. Some effects of vegetation cover and disturbance on a tropical ant fauna［J］. Insectes Sociaux, 24：163–182.

GRYTNES J A, VETAAS O R, 2002. Species richness and altitude：a comparison between null models and interpolated plant species richness along the Himalayan altitudinal gradient, Nepal［J］. American Naturalist, 159：294–304.

HAMILTON A C, PERROTT R A, 1981. A study of altitudinal zonation in the montane forest belt of Mt. Elgon, Kenya/Uganda［J］. Vegetatio, 45（2）：107–125.

HARRISON S, GRACE J B, 2007. Biogeographic affinity helps explain productivity–richness relationships at regional and local scale［J］. American Naturalist, 170（Suppl 2）：S5–S15.

HARTE J, TORN M S, CHANG F R, et al., 1995. Global warming and soil microclimate：results from a meadow–warming experiment［J］. Ecological Applications, 5：132–150.

HARTLEY A E, NEILL C, MELILLO J M, et al., 1999. Plant performance and soil nitrogen mineralization in response to simulated climate change in subarctic dwarf shrub heath［J］. Oikos, 86：331–343.

HE N, LIU C, PIAO S, et al., 2019. Ecosystem tratis linking functional traits to macroecology［J］. Trends in Ecology and Evolution, 34：200–210.

HECTOR A, BAGCHI R, 2007. Biodiversity and ecosystem multifunctionality［J］. Nature, 448（7150）：188–190.

HECTOR A, BAZELEY–WHITE E, LOREAU M, et al., 2002. Overyielding in grassland communities：testing the sampling effect hypothesis with replicated biodiversity experiments［J］. Ecology Letters, 5（4）：502–511.

HECTOR A, SCHMID B, BEIERKUHNLEIN C, et al., 1999. Plant diversity and productivity experiments in European grasslands［J］. Science, 286（5442）：1123–1127.

HELD I M, 2013. Climate science: the cause of the pause [J]. Nature, 501 (7467): 318–319.

HENGSDIJK H, WANG G H, VAN DEN MARRIT M, et al., 2007. Poverty and biodiversity trade–offs in rural development: a case study for Pujiang county, China [J]. Agricultural Systems, 94 (3): 851–861.

HOLSCHER D, SCHMITT S, KUPFER K, 2002. Growth and leaf traits of four broad–leaved tree species along a hillside gradient [J]. Forstwissenschaftliches Centralblatt, 121 (5): 229–239.

HOOPER D U, BIGNELL D E, BROWN V K, et al., 2000. Interactions between aboveground and belowground biodiversity in terrestrial ecosystems: patterns, mechanisms, and feedbacks [J]. Biology Science, 50 (12): 1049–1061.

HU L, ROBERT C A M, SELMA C, et al., 2018. Root exudate metabolites drive plant–soil feedbacks on growth and defense by shaping the rhizosphere microbiota [J]. Nature Communications, 9: 2738.

HUANG J B, ZHANG X D, ZHANG Q Y, et al., 2017. Recently amplified arctic warming has contributed to a continual global warming trend [J]. Nature Climate Change, 7: 875–879.

HUANG J P, YU H P, DAI A G, et al., 2017. Drylands face potential threat under 2°C global warming target [J]. Nature Climate Change, 7: 417–422.

HUANG Y Y, CHEN Y X, CASTRO–IZAGUIRRE N, et al., 2018. Impacts of species richness on productivity in a large–scale subtropical forest experiment [J]. Science, 362: 80–83.

HUSTON M A, AARSSEN L W, AUSTIN M P, et al., 2000. No consistent effect of plant diversity on productivity [J]. Science, 289 (5483): 1255–1255.

IVES A R, CARPENTER S R, 2007. Stability and diversity of ecosystems [J]. Science, 317 (5834): 58–62.

JANSSON J K, HOFMOCKEL K S, 2020. Soil microbiomes and climate change [J]. Nature Reviews Microbiology, 18: 35–46.

JIA J, CAO Z J, LIU C Z, et al., 2019. Climate warming alters subsoil but not topsoil carbon dynamics in alpine grassland [J]. Global Change Biology, 25: 4383–4393.

JIAO S, YANG Y F, XU Y Q, et al., 2020. Balance between community assembly processes mediates species coexistence in agricultural soil microbiomes across eastern China [J]. The

ISME Journal, 14: 202–216.

JOHST K, HUTH A, 2005. Testing the intermediate disturbance hypothesis: when will there be two peaks of diversity? [J] . Diversity and Distributions, 11 (1): 111–120.

JOSE A, GOMEZ–LIMON A, SANCHEZ–FERNANDEZ G, 2010. Empirical evaluation of agricultural sustainability using composite indicators [J] . Ecological Economics, 6: 962–1075.

KARL T R, ARGUEZ A, HUANG B Y, et al., 2015. Possible artifacts of data biases in the recent global surface warming hiatus [J] . Science, 348 (6242): 1469–1472.

KATTAN G H, FRANCO P, 2004. Bird diversity along elevational gradients in the Andes of Colombia: area and mass effects [J] . Global Ecology and Biogeography, 13: 451–458.

KAUFMAN D M, 1995. Diversity of new world mammals: universality of the latitudinal gradients of species and bauplans [J] . Journal of Mammalogy, 76: 322–334.

KESSLER M, SALAZAR L, HOMEIER J, et al., 2014. Species richness–productivity relationships of tropical terrestrial ferns at regional and local scales [J] . Journal of Ecology, 102 (6): 1623–1633.

KESSLER M, 2000. Elevational gradients in species richness and endemism of selected plant groups in the central Bolivian Andes [J] . Plant Ecology, 149 (2): 181–193.

KIMBALL B A, CONLEY M M, WANG SP, et al., 2008. Infrared heater arrays for warming ecosystem field plots [J] . Global Change Biology, 14: 309–320.

KITAYAMA K, 1996. Patterns of species diversity on an oceanic versus a continental island mountain: a hypothesis on species diversification [J] . Journal of Vegetation Science, 7: 879–888.

KLEIN J A, HARTE J, ZHAO X Q, 2005. Dynamic and complex microclimate responses to warming and grazing manipulations [J] . Global Change Biology, 11: 1440–1451.

KORNER C H, RENHARDT U, 1987. Dry matter partitioning and root length/leaf area ratios in herbaceous perennial plants with diverse altitudinal distribution [J] . Oecologia, 74: 411–418.

KREFT H, SOMMER J H, BARTHLOTT H, 2006. The significance of geographic range size for spatial diversity patterns in Neotropical palms [J] . Ecography, 29: 21–30.

LAMY T, WANG S P, RENARD D, et al., 2019. Species insurance trumps spatial insurance in stabilizing biomass of a marine macroalgal metacommunity [J] . Ecology，100：e02719.

LANG L Z, XIANG W, HUANG W, et al.，2017. An experimental study on oven–drying methods for laboratory determination of water content of a calcium–rich bentonite [J] . Applied Clay Science，150：153–162.

GRAY L C, MOSELEY W G, 2005. A geographical perspective on poverty–environment interactions [J] . The Geographical Journal，171（1）：9–23.

LI D J, ZHOU X H, WU L Y, et al.，2013. Contrasting responses of heterotrophic and autotrophic respiration to experimental warming in a winter annual–dominated prairie [J] . Global Change Biology，19：3553–3564.

LI G Y, HAN H Y, DU Y, et al.，2017. Effects of warming and increased precipitation on net ecosystem productivity：a long–term manipulative experiment in a semiarid grassland [J] . Agricultural and Forest Meteorology，232：359–366.

LI L F, ZHENG Z Z, BIEDERMAN J A, et al.，2019. Ecological responses to heavy rainfall depend on seasonal timing and multi–year recurrence [J]. New Phytologist，223(2)：647–660.

LI L F, ZHENG Z Z, WANG W J, et al.，2020. Terrestrial N$_2$O emissions and related functional genes under climate change：aglobal meta–analysis [J] . Global Change Biology，26（2）：931–943.

LI N, WANG G X, YANG Y, et al.，2011. Plant production, and carbon and nitrogen source pools, are strongly intensied by experimental warming in alpine ecosystems in the Qinghai–Tibet Plateau [J] . Soil Biology and Biochemistry，43（5）：942–953.

LI Y H, LUO T X, LU Q, 2008. Plant height as a simple predictor of the root to shoot ratio：evidence from alpine grasslands on the Tibetan Plateau [J] . Journal of Vegetation Science，19（2）：245–252.

LIANG M X, LIU X B, PARKER I M, et al.，2019. Soil microbes drive phylogenetic diversity–productivity relationships in a subtropical forest [J] . Science Advances，5：eaax5088.

LIU X D, CHENG Z G, YAN L B, et al.，2009. Elevation dependency of recent and future minimum surface air temperature trends in the Tibetan Plateau and its surroundings [J] . Global and Planetary Change，68（3）：164–174.

LONG X E, CHEN C R, XU Z H, et al., 2012. Abundance and community structure of ammonia oxidizizg bacteria and archaea in a Sweden boreal forest soil under 19-year fertilization and 12-year warming [J]. Journal of Soils and Sediments, 12 (7): 1124-1133.

LOREAU M, NAEEM S, INCHAUSTI P, et al., 2001. Biodiversity and ecosystem functioning: current knowledge and future challenges [J]. Science, 294 (5543): 804-808.

LUO T X, BROWN S, PAN Y, et al., 2005. Root biomass along subtropical to alpine gradients: global implication from Tibetan transect studies [J]. Forest Ecology and Management, 206 (1-3): 349-363.

LUXMOORE R J, HANSON P J, BEAUCHAMP J J, et al., 1998. Passive night time warming facility for forest ecosystems research [J]. Tree Physiology, 18: 615-623.

MA W H, YANG Y H, HE J S, et al., 2008. Above- and belowground biomass in relation to environmental factors in temperate grasslands, Inner Mongolia [J]. Science in China (Series C: Life Sciences), 51 (3): 263-270.

MA Z Y, LIU H Y, MI Z R, et al., 2017. Climate warming reduces the temporal stability of plant community biomass production [J]. Nature Communications, 8: 15378.

MACK M C, D' Antonio C M, 2003. Exotic grasses alter controls over soil nitrogen dynamics in a Hawaiian woodland [J]. Ecological Applications, 13 (1): 154-166.

MADULU N F, 2005. Environment, poverty and health linkages in the Wami River basin: a search for sustainable water resource management [J]. Physics and Chemistry of the Earth, 30 (11-16): 950-960.

MAROTZKE J, FORSTER P M, 2015. Forcing, feedback and internal variability in global temperature trends [J]. Nature, 517: 565-570.

MATTHEW A, LUCK G, JENDRDTTE D, 2001. The urban funnel model and the spatially heterogeneous ecological footprint [J]. Ecosystems, 4 (8): 782-796.

MCCAIN C M, 2004. The mid-domain effect applied to elevational gradients: species richness of small mammals in Costa Rica [J]. Journal of Biogeography, 31: 19-31.

MCCARTHY M C, ENQUIST B J, 2007. Consistency between an allometric approach and optimal partitioning theory in global patterns of plant biomass allocation [J]. Functional

Ecology, 21（4）: 713-720.

MCCOY E D, 1990. The distribution of insects along elevational gradients [J] . Oikos, 58: 313-332.

MITTELBACH G G, SCHEMSKE D W, CORNELL H V, et al., 2007. Evolution and the latitudinal diversity gradient: speciation, extinction and biogeography [J] . Ecology Letters, 10（4）: 315-331.

MOKANY K, RAISON R J, PROKUSHKIN A S, 2006. Critical analysis of root: shoot ratios in terrestrial biomes [J] . Global Change Biology, 12（1）: 84-96.

MOLYNEUX D E, 1983. Rooting pattern and water relations of three pasture grasses growing in drying soil [J] . Oecologia, 58: 220-224.

MORALES M A, DODGE G J, INOUYE D W, 2005. A phonological mid-domain effect in flowering diversity [J] . Oecologia, 142: 83-89.

MORTBERG U M, BALFORS B, KNOL W C, 2007. Landscape ecological assessment: a tool for integrating biodiversity issues in strategic environmental assessment and planning [J] . Journal of Environmental Management, 82（4）: 457-470.

NAEEM S, THOMPSON L J, LAWLER S P, et al., 1994. Declining biodiversity can alter the performance of ecosystems [J] . Nature, 368（6473）: 734-737.

NGUYEN H, HERBOHN J, FIRN J, et al., 2012. Biodiversity-productivity relationships in small-scale mixed-species plantations using native species in Leyte Province, Philippines [J] . Forest Ecology and Management, 274: 81-90.

NOGUES-BRAVO D, ARAUJO M B, ERREA M P, et al., 2007. Exposure of global mountain systems to climate warming during the 21st century [J] . Global Environmental Change, 17: 420-428.

NOR S M, 2001. Elevational diversity patterns of small mammals on Mount Kinabalu, Sabah, Malaysia [J] . Global Ecology and Biogeography, 10: 41-62.

NOSS R F, 1990. Indicators for monitoring biodiversity: a hierarchical approach [J] . Conservation Biology, 4（4）: 355-364.

ODLAND A, BIRKS H J B, 1999. The altitudinal gradient of vascular plant richness in Aurland, western Norway [J] . Ecography, 22（5）: 548-566.

OHLEMULLER R, WILSON J B, 2000. Vascular plant species richness along latitudinal and altitudinal gradients: a contribution from New Zealand temperate rainforests [J] .

Ecology Letters, 3: 262–266.

OJEDA F, MARANON T, ARROYO J, 2000. Plant diversity patterns in the Aljebe Mountains (S. Spain): a comprehensive account [J]. Biodiversity and Conservation, 9 (9): 1323–1343.

OLEKSYN J, MODRZYNSKI J, TJOELKER M G, et al., 1998. Growth and physiology of Picea abies populations from elevational transects: common garden evidence for altitudinal ecotypes and cold adaptation [J]. Functional Ecology, 12 (4): 573–590.

OLEKSYN J, TJOELKER M G, REICH P B, 1992. Growth and biomass partitioning of populations of European Pinus sylvestris L. under simulated 50° and 60°N daylengths: evidence for photoperiodic ecotypes [J]. New Phytologist, 120 (4): 561–574.

PARK C E, JEONG S J, JOSHI M, et al., 2018. Keeping global warming within 1.5℃ constrains emergence of aridification [J]. Nature Climate Change, 8 (1): 70–74.

PEDRO M S, RAMMER W, SEIDL R, 2017. Disentangling the effects of compositional and structural diversity on forest productivity [J]. Journal of Vegetation Science, 28: 649–658.

PENG F, XU M H, YOU Q G, et al., 2015, Different responses of soil respiration and its components to experimental warming with contrasting soil water content [J]. Arctic, Antarctic, and Alpine Research, 47 (2): 359–368.

PENG F, XUE X, XU M H, et al., 2017. Warming–induced shift towards forbs and grasses and its relation to the carbon sequestration in an alpine meadow [J]. Environmental Research Letters, 12 (4): 044010.

PENG F, XUE X, YOU Q G, et al., 2016. Intensified plant N and C pool with more available nitrogen under experimental warming in an alpine meadow ecosystem [J]. Ecology and Evolution, 6 (23): 8546–8555.

PENG F, YOU Q G, XU M H, et al., 2014. Effects of warming and clipping on ecosystem carbon fluxes across two hydrologically contrasting years in an alpine meadow of the Qinghai–Tibet Plateau [J]. PLos One, 9 (10): e109319.

PENG F, YOU Q G, XU M H, et al., 2015. Effects of experimental warming on soil respiration and its components in an alpine meadow in the permafrost region of the Qinghai–Tibet Plateau [J]. European Journal of Soil Science, 66 (1): 145–154.

PENUELAS J, SARDANS J, ESTIARTE M, et al., 2013. Evidence of current impact of climate change on life: a walk from genes to the biosphere [J]. Global Change Biology, 19 (8): 2303–2338.

PIAO S L, TAN J G, CHEN A P, et al., 2015. Leaf onset in the northern hemisphere triggered by daytime temperature [J]. Nature Communications, 6: 6911.

POORTER H, NIKLAS K J, REICH P B, et al., 2012. Biomass allocation to leaves, stems and roots: meta-analyses of interspecific variation and environmental control [J]. New Phytologist, 193 (1): 30–50.

PROMMER J, WALKER T W N, WANEK W, et al., 2020. Increased microbial growth, biomass and turnover drive soil organic carbon accumulation at higher plant diversity [J]. Global Change Biology, 26: 669–681.

QIAN H, RICKLEFS R E, 2007. A latitudinal gradient in large-scale beta diversity for vascular plants in North America [J]. Ecology Letters, 10: 737–744.

QUAN Q, TIAN D S, LUO Y Q, et al., 2019. Water scaling of ecosystem carbon cycle feedback to climate warming [J]. Science Advances, 5: eaav1131.

RAHBEK C, BORREGAARD M K, ANTONELLI A, et al., 2019. Building mountain biodiversity: geological and evolutionary processes [J]. Science, 365: 1114–1119.

RAHBEK C, BORREGAARD M K, COLWELL R K, et al., 2019. Humboldt's enigma: what causes global patterns of mountain biodiversity? [J]. Science, 365: 1108–1113.

RASMUSSEN P U, BENNETT A E, TACK A J M, 2020. The impact of elevated temperature and drought on the ecology and evolution of plant-soil microbe interactions [J]. Journal of Ecology, 108: 337–352.

RAVALLION M, 2011. On multidimensional indices of poverty [J]. Journal of Economic Inequality, 9 (2): 235–248.

REY BENAYAS J M, SCHEINER S M, 2002. Plant diversity, biogeography and environment in Iberia: patterns and possible causal factors [J]. Journal of Vegetation Science, 13 (2): 245–258.

REY BENAYAS J M, 1995. Patterns of diversity in the strata of boreal montane forest in British Columbia [J]. Journal of Vegetation Science, 6 (1): 95–98.

RILLIG M C, RYO M, LEHMANN A, et al., 2019. The role of multiple global change factors in driving soil functions and microbial biodiversity [J]. Science, 366: 886–890.

ROBERTS C D, PALMER M D, MCNEALL D, et al., 2015. Quantifying the likelihood of a continued hiatus in global warming [J]. Nature Climate Change, 5 (4): 337–342.

RYKBOST K A, BOERSMA L, MACK H J, et al., 1975. Yield response to soil warming: agronomic crops [J]. Agronomy Journal, 67: 733–738.

SACHS J D, REID W V, 2006. Investments toward sustainable development [J]. Science, 312 (5776): 1002.

SAX D F, 2002. Native and naturalized plant diversity are positively correlated in scrub communities of California and Chile [J]. Diversity and Distributions, 8: 193–210.

SCHIMEL D S, PARTICIPANTS V, BRASWELL BH, et al., 1997. Continental scale variability in ecosystem processes: models, data, and the role of disturbance [J]. Ecological Monographs, 67: 251–271.

SCHWILK D W, ACKERLY D D, 2005. Limiting similarity and functional diversity along environmental gradients [J]. Ecology Letters, 8 (3): 272–281.

SHANAFELT D W, DIECKMANN U, JONAS M, et al., 2015. Biodiversity, productivity, and the spatial insurance hypothesis revisited [J]. Journal of Theoretical Biology, 380: 426–435.

SHEN X J, LIU B H, HENDERSON M, et al., 2018. Asymmetric effects of daytime and nighttime warming on spring phenology in the temperate grasslands of China [J]. Agricultural and Forest Meteorology, 259: 240–249.

SHI F S, CHEN H, CHEN H F, et al., 2012. The combined effects of warming and drying suppress CO_2 and N_2O emission rates in an alpine meadow of the eastern Tibetan plateau [J]. Ecological Research, 27: 725–733.

SHI Z, SHERRY R, XU X, et al., 2015. Evidence for long–term shift in plant community composition under decadal experimental warming [J]. Journal of Ecology, 103: 1131–1140.

SKLENAR P, RAMSAY P M, 2001. Diversity of zonal páramo plant communities in Ecuador [J]. Diversity and Distributions, 7 (3): 113–124.

SMITH S J, EDMONDS J, HARTIN C A, et al., 2015. Near–term acceleration in the rate of temperature change [J]. Nature Climate Change, 5 (4): 333–336.

STAPLES T L, DWYER J M, ENGLAND J R, et al., 2019. Productivity does not correlate with species and functional diversity in Australian reforestation plantings across a wide climate gradient [J] . Global Ecology and Biogeography, 28: 1417-1429.

SUMAN M, NEERA S V P, 2013. Singh effect of elevated CO_2 on degradation of azoxystrobin and soil microbial activity inrice soil [J] . Environmental Monitoring and Assessment, 185: 2951-2960.

TANG C Q, OHSAWA M, 1997. Zonal transition of evergreen, deciduous, and coniferous forests along the altitudinal gradient on a humid subtropical mountain, Mt. Emei, Sichuan, China [J] . Plant Ecology, 133: 63-78.

THIELE BRUHN S, Beck I C, 2005. Effects of sulfonamide and tetracycline antibiotics on soil microbial activity and microbial biomass [J] . Chemosphere, 59 (4): 457-465.

TILMAN D, REICH P B, KNOPS J M H, 2006. Biodiversity and ecosystem stability in a decade-long grassland experiment [J] . Nature, 441 (7093): 629-632.

TILMAN D, DOWNING J A, 1994. Biodiversity and stability in grasslands [J] . Nature, 367: 363-365.

TILMAN D, REICH P B, KNOPS J, et al., 2001. Diversity and productivity in a long-term grassland experiment [J] . Science, 294 (5543): 843-845.

TILMAN D, WEDIN D, KNOPS J, 1996. Productivity and sustainability influenced by biodiversity in grassland ecosystems [J] . Nature, 379 (6567): 718-720.

TILMAN D, 2000. Causes, consequences and ethics of biodiversity [J] . Nature, 405 (6783): 208-211.

THOMAS C D, CAMERON A, GREEN R E, et al., 2004. Extinction risk from climate change [J] . Nature, 427 (6970): 145-148.

UEMURA S, 1993. Patterns of leaf phenology in forest understory [J] . Canadian Journal of Botany, 72 (4): 409-414.

VAN GESTEL N, SHI Z, VAN GROENIGEN K, et al., 2018. Predicting soil carbon loss with warming [J] . Nature, 554: E4-E5.

VATN A, 2009. An institutional analysis of methods for environmental appraisal [J] . Ecological Economics, 68: 2207-2215.

WAIDE R B, WILLIG M R, STEINER C F, et al., 1999. The relationship between productivity and species richness [J] . Annual Review of Ecology and Systematics, 30:

257-300.

WANG G H, ZHOU G S, YANG L M, et al., 2002. Distribution, species diversity and life-form spectra of plant communities along an altitudinal gradient in the northern slopes of Qilianshan Mountains, Gansu, China [J] . Plant Ecology, 165 (2): 169-181.

WANG S P, LAMY T, HALLETT L M, et al., 2019. Stability and synchrony across ecological hierarchies in heterogeneous metacommunities: linking theory to data [J] . Ecography, 42: 1200-1211.

WANG W, PENG S S, WANG T, et al., 2010. Winter soil CO_2 efflux and its contribution to annual soil respiration in different ecosystems of a forest-steppe ecotone, north China [J] . Soil Biology and Biochemistry, 42: 451-458.

WANG Z, LUO T X, LI R C, et al., 2013. Causes for the unimodal pattern of biomass and productivity in alpine grasslands along a large altitudinal gradient in semi-arid regions [J] . Journal of Vegetation Science, 24 (1): 189-201.

WARDLE D A, HUSTON M A, GRIME J P, et al., 2000. Biodiversity and ecosystem functioning: an issue in ecology [J]. Bulletin of the Ecological Society of America, 81(3): 235-239.

WEINER J, 2004. Allocation, plasticity and allometry in plants [J] . Perspectives in Plant Ecology, Evolution and Systematics, 6 (4): 207-215.

WELTZIN J F, PASTOR J, HARTH C, et al., 2000. Response of bog and fen plant communities to warming and water-table manipulations [J] . Ecology, 81 (12): 3464-3478.

WEN J, QIN R M, ZHANG S X, et al., 2020. Effects of long-term warming on the aboveground biomass and species diversity in an alpine meadow on the Qinghai-Tibetan Plateau of China [J] . Journal of Arid Land, 12 (2): 252-266.

WHITE P S, MILLER R I, 1988. Topographic models of vascular plant richness in the southern Appalachian high peaks [J] . The Journal of Ecology, 76: 192-199.

WHITTAKER R H, 1960. Vegetation of the Siskiyou Mountains, Oregon and California [J]. Ecological Monographs, 30: 279-338.

WHITTAKER R H, 1967. Gradient analysis of vegetation [J]. Biological Reviews, 42 (2): 207-264.

WHITTAKER R J, WILLIS K J, FIELD R, 2001. Scale and species richness: towards a general, hierarchical theory of species diversity [J] . Journal of Biogeography, 28 (4): 453–470.

WILLIS K J, WHITTAKER R J, 2002. Species diversity-scale matters [J] . Science, 295 (5558): 1245–1248.

WILSON J B, ALLEN R B, HEBITT A E, 1996. A test of the humped-back theory of species richness in New Zealand native forest [J]. New Zealand Journal of Ecology, 20 (2): 173–177.

WORM B, BARBIER E B, BEAUMONT N, et al., 2006. Impacts of biodiversity loss on ocean ecosystem services [J] . Science, 314 (5800): 787–790.

WRIGHT D H, 1983. Species-energy theory: an extension of species-area theory [J] . Oikos, 41 (3): 496–506.

XIA J Y, CHEN J Q, PIAO S L, et al., 2014. Terrestrial carbon cycle affected by non-uniform climate warming [J] . Nature Geoscience, 7: 173–180.

XU M H, DU R, LI X L, et al., 2021. The mid-domain effect of mountainous plants is determined by community life form and family flora on the Loess Plateau of China [J] . Scientific Reports, 11: 10974.

XU M H, LI X L, LIU M, et al., 2020. Spatial variation patterns of plant herbaceous community response to warming along latitudinal and altitudinal gradients in mountainous forests of the Loess Plateau, China [J] . Environmental and Experimental Botany, 172: 103983.

XU M H, LIU M, XUE X, et al., 2016. Warming effects on plant biomass allocation and correlations with the soil environment in an alpine meadow, China [J] . Journal of Arid Land, 8 (5): 773–786.

XU M H, MA L, JIA Y Y, et al., 2017. Integrating the effects of latitude and altitude on the spatial differentiation of plant community diversity in a mountainous ecosystem in China [J] . PLoS One, 12 (3): e0174231.

XU M H, PENG F, YOU Q G, et al., 2014. Initial effects of experimental warming on temperature, moisture and vegetation characteristics in an alpine meadow on the Qinghai-Tibetan Plateau [J] . Polish Journal of Ecology, 62 (3): 491–509.

XU M H, PENG F, YOU Q G, et al., 2015. Effects of warming and clipping on plant and soil properties of an alpine meadow in the Qinghai–Tibetan Plateau, China[J]. Journal of Arid Land, 7（2）: 189–204.

XU M H, PENG F, YOU Q G, et al., 2015. Year–round warming and autumnal clipping lead to downward transport of root biomass, carbon and total nitrogen in soil of an alpine meadow[J]. Environmental and Experimental Botany, 109: 54–62.

XU M H, ZHANG S X, WEN J, et al., 2019. Multiscale spatial patterns of species diversity and biomass together with their correlations along geographical gradients in subalpine meadows[J]. PLoS One, 14（2）: e0211560.

XU M H, ZHAO Z T, ZHOU H K, et al., 2022. Plant allometric growth enhanced by the change in soil stoichiometric characteristics with depth in an alpine meadow under climate warming[J]. Frontiers in Plant Science, 13: 860980.

XUE X, PENG F, YOU Q G, et al., 2015. Belowground carbon responses to experimental warming regulated by soil moisture change in an alpine ecosystem of the Qinghai–Tibet Plateau[J]. Ecology and Evolution, 5（18）: 4063–4078.

XUE X, XU M H, YOU Q G, et al., 2014. Influence of experimental warming on heat and water fluxes of alpine meadows in the Qinghai–Tibet Plateau[J]. Arctic, Antarctic, and Alpine Research, 46（2）: 441–458.

YANG X F, YAN C, GU H F, et al., 2020. Interspecific synchrony of seed rain shapes rodent–mediated indirect seed–seed interactions of sympatric tree species in a subtropical forest[J]. Ecology Letters, 23: 45–54.

YANG Y H, FANG J Y, JI C J, et al., 2009a. Above– and belowground biomass allocation in Tibetan grasslands[J]. Journal of Vegetation Science, 20（1）: 177–184.

YANG Y H, FANG J Y, MA W H, et al., 2010. Large–scale pattern of biomass partitioning across China's grasslands[J]. Global Ecology and Biogeography, 19（2）: 268–277.

YANG Y H, FANG J Y, PAN Y D, et al., 2009b. Aboveground biomass in Tibetan grasslands[J]. Journal of Arid Environments, 73（1）: 91–95.

YANG Z L, ZHANG Q, SU F L, et al., 2017. Daytime warming lowers community temporal stability by reducing the abundance of dominant, stable species[J]. Global Change Biology, 23: 154–163.

YOU Q G, XUE X, PENG F, et al., 2014. Comparison of ecosystem characteristics between degraded and intact alpine meadow in the Qinghai–Tibetan Plateau, China [J] . Ecological Engineering, 71: 133–143.

YUAN F, WU J G, LI A, et al., 2015. Spatial patterns of soil nutrients, plants diversity, and aboveground biomass in the Inner Mongolia grassland before and after a biodiversity removal experiment [J] . Landscape Ecology, 30: 1737–1750.

ZHANG Y, CHEN H Y H, 2015. Individual size inequality links forest diversity and above-ground biomass [J] . Journal of Ecology, 103 (5): 1245–1252.

ZHAO W, CHEN S P, LIN G H, 2008. Compensatory growth responses to clipping defoliation in Leymus chinensis (Poaceae) under nutrient addition and water deficiency conditions [J] . Plant Ecology, 196 (1): 85–99.

ZHENG D L, RADEMACHER J, CHEN J Q, et al., 2004. Estimating aboveground biomass using Landsat 7 ETM+ data across a managed landscape in northern Wisconsin, USA [J] . Remote Sensing of Environment, 93: 402–411.